日式家庭料理

基本功

〔日〕川上文代◇著　　王　岩◇译

煤炭工业出版社
·北京·

序 言

　　我从小就十分喜欢制作料理，中学3年级开始就进入料理教室学习制作家庭料理，其后进入辻调理师专门学校从料理基础开始进行系统的学习。现在，我主要通过书籍及杂志等媒体介绍推广各种菜式，我认为正是早年打下的坚实基础才会促使我不断催生出新想法、新创意。在料理教室中，我也会告诉学生们："练好基本功，是成为一名料理高手的捷径。"

　　本书介绍了日本家庭餐桌上最常见的料理，对料理中使用主要食材的处理方法进行了详细的解说。将蔬菜削皮去筋、切成合适的形状，将肉类、鱼类去筋除鳞等操作，虽然看起来非常不起眼，但只有对食材进行了恰当合适的处理，料理才会色、香、味俱全。料理完成的好坏取决于最基础的食材处理，这样说一点也不为过。

　　请各位一定活用本书，练好制作家庭料理的基本功，多多制作自己喜欢的菜品。我也衷心祝愿各位能在尝试中自成一家，爱上制作料理，成为料理高手。

DELICE DE CUILLERES

川上文代

目录 contents

第一章　　蔬菜料理

第二章　　肉类料理

第三章　　鱼类料理

第四章　　鸡蛋、加工制品、干货料理

本书的使用方法

食材的美味期
显示蔬菜和鱼类一年中最美味的时期。但是，因为品种及地域差异，本书中的数值仅供参考。

食材名
按照章节的顺序配图介绍了家庭中常使用的各种食材。

食材简介
解说了各种食材的特征及挑选方法。

食材的处理方法及切法
以图文解说的方式说明了各种食材的处理方法及常用切法。

食谱
介绍了使用该食材制作的广受欢迎的家庭料理菜式。

食谱常识

· 1 大匙 = 15mL、1 小匙 = 5mL、1 杯 = 200mL。

· 使用的蔬菜等食材，若无明确标注都为处理过后的食材。

· 使用的高汤为海带和干鲣鱼片制作而成的头道汤汁（P121）。使用的鸡汤为市售
  鸡汤颗粒依照说明冲制而成。

· 微波炉的加热时间以 600W 为基准。因机器型号及使用年数存在差异，所以请根
  据具体情况进行调整。

· 使用的水淀粉为等量的淀粉和水溶制而成（各约 2 小匙）。

料理基础

本书介绍了初学者也能轻松制作的家庭料理，尤其对食材的处理进行了详细的解说，希望大家可以牢固掌握。首先，在这里要介绍一下包含食材处理在内的 8 个操作要点。

食材处理

食材的处理可以影响菜品的色泽外观、口感以及火候等，是非常重要的操作。为了顺利进行食材处理，挑选一把好用的刀具也是十分关键的。

●去除不需要的部分

首先将蔬菜洗净，大部分带皮蔬菜要削皮。另外，要将蒂、筋、根、芽和籽等不需要的部分去除干净。即使不影响调味，留有皮、筋，料理的色泽外观和口感也会大打折扣。

●将材料切好备用

最好将材料切成同样的形状和大小，因为形状和大小参差不齐，火候也会出现偏差。而且，记住自己手掌和手指的长度，可在按照食谱切割材料时用作参考。另外，根据不同的料理将食材切成恰当的形状也是非常关键的。本书介绍了很多种切法。

●熟知刀具的使用方法

熟知刀具的使用方法也是非常重要的。例如，切番茄时，蛮力按压切割会将番茄切烂。切番茄时应灵活使用整把刀具，自番茄顶端轻轻滑下切割（切断）。另外，处理小个食材以及进行精细操作时应选用小菜刀，区别使用刀具也是非常重要的。

煮制

看似比其他的料理方法简单，但是煮过头食材的色泽和形状会变差；没煮熟食材会夹生。煮制时间在一定程度上会决定料理完成的好坏。

●根据食材煮制

不易熟的薯类和根菜类等需入凉水煮制（将食材放入锅中，倒入没过食材的凉水大火煮沸），易熟的青菜和四季豆等需入沸水煮制。只要牢记地下生长的蔬菜需入凉水煮制，而地上生长的蔬菜需入沸水煮制即可。肉类和鱼类需用即将煮沸的热水（70~80℃）煮制。

●加入调味品等煮制

青菜和四季豆，在沸水中加入盐（1L 水加 10g 盐）煮制，待放凉沥水后色泽会十分鲜亮。鱼类和肉类，在水中加入少量酒水煮制可去腥除味。另外，煮制竹笋和肉块时，加入大米和米糠可使食材煮得松软，在水中加入调味品等煮制，还有很多功效。

●焯煮不要煮过头

煮制、煎烤、炒制薯类和根菜类等不易熟的食材等时，会事先煮制一次，也叫"焯煮"。将食材焯煮至可轻松插入竹扦的程度，之后再做料理时更易入味。但是，煮过头的食材，形状和色泽外观会变差，大家一定要留神。

凉拌

包括沙拉和芝麻拌菜等。只需在食材中加入调味品拌匀，就连初学者也很少会出错。在这里介绍制作色、香、味俱全的凉拌菜的关键。

●材料需沥干水分

凉拌洗净的蔬菜、水发干货和豆腐等含水分多的食材时，如果未沥干水，不仅外观不佳，连味道也会减分不少。制作凉拌菜的关键在于，将食材洗净后要放入滤筛，用厨房用纸吸干水分或用手挤净水分。

●放凉之后再行搅拌

在制作土豆沙拉、粉丝沙拉和芝麻拌四季豆等需将材料煮过之后再凉拌的菜品时，一定要沥干水分，放凉之后再搅拌。如果煮熟的食材不放凉，会因余热变得过于软烂、色泽变差，连调味酱汁的口感也会有所不同。

●食用之前轻搅调味

虽然土豆沙拉等可长时间保存，但是基本上凉拌菜应在食用之前加入调味品搅拌调味。但搅拌过头，食材会变形，所以关键在于轻搅调味。另外，为了使所有食材入味，需从盆底朝盆口进行大范围的搅拌。

炒制

小炒量大，制作起来省时省力，配米饭尤佳，常常会出现在家庭餐桌上。让我们来抓住要点、掌握炒制技巧吧。

●准备材料

使小炒制作得美味的关键在于急火快炒。因此，需将所有的材料处理好置于平盘中，并且按照入锅顺序摆好。另外，事先将调味酱汁和材料混在一起，也可快速均匀地入味。

●加油热锅翻炒

单单将材料放入平底锅中翻炒，并不是所谓的"炒制"。需加入色拉油等热锅后翻炒材料方可。这样一来，食材的美味才会锁住，小炒才会变得可口。为了使食材沾满油分锁住美味，关键在于事先沥干材料中的水分。

●巧用调味作料，美味加分

美味诱人的料理，不仅要色泽鲜亮，还要鲜香可口。尤其是小炒，最易发挥出食材的美味。大蒜、生姜和大葱等香味蔬菜，热油后小火慢炒爆香，美味会加倍。而且，最后浇入香油和酱油调味并润饰一番，风味更佳。

炖制

咖喱、土豆炖肉和五花肉等炖煮料理是家庭料理中的常见菜式。通过炖煮，食材可充分发挥出美味，制作起来也比想象中容易得多。

●不要在锅中翻搅

咖喱和土豆炖肉等需在轻轻翻炒材料后加入炖煮汤汁。煮沸后稍加搅拌，小火炖煮，其间不可再次翻搅。多次翻搅，材料易被搅烂，汤汁也会变浊。而且，炖煮料理在关火后方会入味，所以关火后静置一段时间也是非常关键的要点。

●考量调味次序

首先需加入高汤和水煮制材料，待材料稍稍变软后方可加入酒、砂糖和料酒等调味。过早加入盐和酱油，材料会变硬、不易入味。如果调料放得太多，味道太重时无法调淡，所以起初可使味道淡一点，待尝味后再加入调味品，这样一来便不易调味失败。

●食材入味窍门

为了使红烧肉和炖菜等均匀入味，关键在于盖上锅盖使炖煮汤汁得以对流。不想盖上锅盖时，也可盖厨房用纸。而且，制作酱汁萝卜和炖鱼时，在材料上划入"暗刀"和"饰刀"花刀，可以让材料更加入味。选用可放置开材料大小的锅也是非常重要的。

煎烤

肉类和鱼类煎烤至表面焦黄、内里松软、香嫩多汁为最佳。

●料理用具中加油煎烤

煎烤失败往往是由于肉类和鱼类粘在平底锅、烤架等上。为了防止粘锅，需将料理用具充分加热，加油煎烤。这样一来，料理用具上附上一层油膜，食材就不会粘锅了。肉饼用手沾油使之成形后，比较容易煎制。

●表面煎烤至焦黄

将烤鱼和牛排等煎烤类料理制作得品相诱人，窍门在于将表面煎烤至焦黄。食材未沥干水分就煎，锅内会溅油，无法煎烤至焦香，所以一定要使用厨房用纸将鱼类和肉类上的水分吸干。另外，从装盘时露在外面的一侧进行煎烤，装盘时的品相会更佳。

●使用竹扦确认煎烤程度

表面煎烤至焦黄而内里竟然夹生！这种情况在煎烤料理中也会经常出现。食谱上的煎烤时间仅为参考，所以煎烤厚肉块和肉饼时，一定要确认煎烤程度。将肉块稍微切开，若内里为红色、渗血，则说明肉块未熟。用竹扦插入肉饼中，若有透明肉汤流出，则说明肉饼已熟。

油炸

将油炸料理制作得松脆可口，对于中级水平者来说也未必轻松。请大家多多尝试，把握入锅油炸和炸熟出锅的时机。

●材料自油面入锅

尤其是裹有面衣的油炸料理更要自油面入锅（需注意手不要触油）。离油面太远入锅，容易导致溅油、面衣脱落等情况。食材中残留有水分也易溅油，因此在裹取面衣之前需沥干食材中的水分。

●熟知一次可油炸的量

在炸制用油中一次性放入太多食材，食材易粘连、油温会降低，无法将食材炸制得松脆可口。最好将油炸材料控制在占油面 2/3 的范围以内。另外，入锅油炸的材料，在面衣尚未炸制成形前不要翻夹，待炸制成形后再用筷子翻面炸制。

●把握时机

炸熟出锅的时机会影响油炸料理完成的好坏。待食材变成焦黄色、油泡变小后，便可用筷子夹取查看。若食材变轻，则可出锅。此时，食材中已基本无水分，松脆飘香。炸熟出锅后，要置于网架和厨房用纸上沥掉多余的油分。

蒸制

茶碗蒸、清蒸鸡和烧卖等需使用蒸锅和蒸笼蒸制。也可使用微波炉，在此主要解说使用蒸锅时的注意事项。

●锁住蒸汽

蒸料理主要利用水蒸气来加热食材。将食材放入冒着蒸汽的蒸锅中，需盖好锅盖锁住蒸汽。查看锅中情况时，掀开一点锅盖后要马上盖好。之后加大一点火，使锅中再次充满蒸汽。

●锅盖里侧的蒸汽也会导致失败

制作蒸料理时，蒸汽自然必不可少，但是一旦蒸汽在锅盖里侧凝结成水滴后滴落锅中，食材便会变得湿答答，料理的口味也会变淡。可用干净的布巾包裹锅盖吸收蒸汽，长时间蒸制，可在锅盖处插入筷子留出一道缝隙，使蒸汽得以适量散失。

●确保蒸汽源源不断

制作蒸料理时，确保蒸汽源源不断也是非常重要的。在蒸锅中倒入足够的水煮沸，蒸汽源源不断为最佳。锅中的水蒸发变干、蒸汽不足时，食材易变干，所以水量变少后需及时加水。

计量

为了将料理制作得美味可口，按照食谱计量出材料和调味品的准确用量也是非常重要的。蔬菜和肉类等食材需使用秤来计量，而少量调味品等则需使用计量匙和计量杯来计量。在此主要解说正确的计量方法。

●计量匙

在计量少量粉状及液体调味品时需使用计量匙，基本上 1 大匙为 15mL、1 小匙为 5mL。计量匙有深匙和浅匙。

粉状

<1 大匙、1 小匙 >
多用来挖取粉状调味品，用刀背等刮平。浅匙可稍微起尖。

<1/2 大匙、1/2 小匙 >
计量好 1 大匙（小匙）后，用刀具等平分去掉一半的量。

<1/4 大匙、1/4 小匙 >
计量好 1/2 大匙（小匙）后，以同样的方法再去掉一半的量。

液体

<1 大匙、1 小匙 >
用计量匙舀取满满 1 匙即可。浅匙可稍微再多舀取一点。

<1/2 大匙、1/2 小匙 >
深匙舀取六分满；浅匙舀取八分满即可。

<1/4 大匙、1/4 小匙 >
深匙舀取三分满；浅匙舀取四分满即可。

●计量杯

主要在计量液体及粉状调味品时使用，一般来说食谱中的 1 杯为 200mL。计量液体时需将计量杯置于平台上，按照计量杯上的刻度线来计量。粉状调味品需将表面抚平计量。

极少量盐的计量方法

料理中常会用到的盐，在食谱中多会标注为"少许""1 小撮"。

"少许"为拇指和食指夹取的分量（约为 0.1g）。

"1 小撮"为拇指、食指、中指夹取的分量（约为 0.5g）。

第一章
蔬菜料理

蔬菜是需要进行削皮去筋、切成合适的形状等多种处理的食材。各种蔬菜的处理方法也各不相同，记忆起来不算轻松，但是只有进行过恰当处理后，制作出来的料理才会色、香、味俱全。在此主要介绍了家庭料理中的常见蔬菜、时令蔬菜等 46 种蔬菜的处理方法以及使用其制作的家庭料理。

土豆

2月~5月
8月~10月

男爵土豆

最常见的品种。不要挑选带伤的和表皮变绿的土豆。

五月皇后土豆

不易煮烂，适合制作咖喱和炖菜等炖煮料理。

●处理 A（适合制作土豆沙拉和土豆泥）

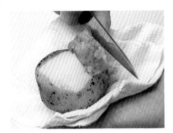

1）将带皮土豆放入锅中，倒入没过土豆的水，中火加热，煮至竹扦可轻松插入土豆。

2）趁热将土豆置于干净的布巾上去皮。趁热处理时，即可如图般迅速剥掉。

3）放入盆中，用叉背（或研磨杵、擀面杖等）压碎。

●处理 B

1）将刀刃插入土豆皮中，边转土豆边削去一层厚厚的皮。

2）将刀根插入土豆芽旁，旋转刀根，挖掉土豆芽。

3）土豆接触空气会变色，因此切好后需放入水盆中浸泡大约10分钟。

切 4 等分块

将土豆对半切开，切口朝下，再次对半切开。适合制作土豆炖肉等炖煮料理。

切圆片

依个人喜好，从一端切成一定厚度的圆片。适合制作味噌汤及搭配香煎肉排和鱼排等。

切丁

将切成1cm厚的土豆条并排横放，从一端切成1cm宽的丁。适合制作汤类和凉拌菜。

土豆沙拉

土豆沙拉制作方便，在家庭料理中常用来作为肉类和鱼类料理的配菜。

加入胡萝卜和玉米粒，色彩斑斓、诱人食欲。

材料（2 人份）

土豆··············· 2 个（300g）

火腿··············· 2 片

黄瓜··············· 1 根（100g）

A　蛋黄酱············· 3 大匙

　　盐················· 1 小撮

　　胡椒粉············· 少许

1 参照 P18 中的**处理 A** 制作土豆泥，静置放凉。

2 将火腿对半切开，再将其切成 8mm 宽的丁。

3 将黄瓜（P36）切成薄薄的圆片。撒入少许盐（分量外）静置数分钟，待黄瓜变软后挤净水分。

4 将 **1~3** 再加入 Ⓐ 中，搅拌均匀。

* 土豆不要削皮后煮，而要带皮煮，煮熟后再去皮。这样一来，制作好的土豆沙拉便不会变得水绵绵的。

洋葱

4 月 ~6 月
9 月~ 10 月

可以用于小炒、炖菜等多种料理的家庭常备蔬菜。表皮完整、干燥、油亮的洋葱最佳。

● 处理

1）切掉洋葱的根部。用同样的方法切掉洋葱的另一头。

2）将刀刃置于洋葱头部的切口上，朝根部一侧撕扯即可轻松去皮。依此法为整个洋葱去皮。

3）用刀削掉残留的干洋葱皮。

切条

❶ 将刀插入洋葱芯的中央，纵向切开，以 V 字切法切掉洋葱根。

❷ 切口朝下，沿纤维自一端切成 2~3mm 宽的条（图右）。同样也可切断纤维成条（图左）。

切梳形块

将洋葱对半切开，切口朝下，再次对半切开。各自朝芯部斜切均分为二。这种切法适合制作炖菜。

切末

❶ 将洋葱对半切开，保持根部不被切断，沿纤维将洋葱切成 1~2mm 宽的条，之后于水平方向切入 2~3 刀。

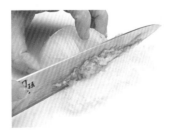

❷ 自一端切末。用于制作沙拉调味酱汁等生食时，可在水中浸泡数分钟后挤净水分，以去除辣味。

切薄方块

将洋葱对半切开，保持根部不被切断，沿纤维将洋葱切成约 1cm 宽的片。将洋葱调整 90°，自一端切成约 1cm 宽的块。这种切法适合制作汤类。

油炸时蔬樱花虾

炸制得松脆可口的炸什锦，加盐食用即十分美味。
也可加入鸭儿芹，将樱花虾换成小杂鱼炸制。

材料（2人份）

洋葱··············· 1/4 个（60g）
胡萝卜··············· 5cm（30g）
牛蒡··············· 5cm（20g）
樱花虾··············· 5g
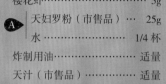 天妇罗粉（市售品）··· 25g
水 ··············· 1/4 杯
炸制用油··············· 适量
天汁（市售品）··············· 适量

1　参照 P20 处理洋葱，沿纤维将其**切条**。将胡萝卜（P22）和牛蒡（P62）切成 5cm 长的火柴条状。

2　将 **1** 和樱花虾放入盆中，均匀撒入 2 小匙天妇罗粉（分量外）。加入 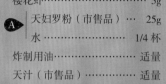，用筷子从盆底朝盆口进行大范围的搅拌。

3　用大匙挖取 **2** 放入加热至中温（170~180℃）的油中（顺锅沿快速滑入）。

4　使用筷子翻面炸 2~3 分钟，待炸得松脆后出锅，盛入放有网架的平底盘中。装盘，搭配蘸汁食用。

＊**2** 中提前将天妇罗粉撒入材料中，食材不易出水，可炸制得干爽松脆。

胡萝卜

4月~7月
11月~12月

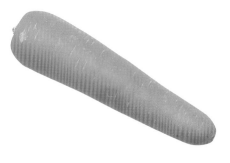

胡萝卜可为料理增添色彩，常用于制作沙拉和炖菜等。油亮、周正的胡萝卜最佳。

●处理

1）胡萝卜头部朝上，使用削皮器自上而下削皮。旋转胡萝卜重复该步骤。

2）将胡萝卜横向放置，用刀切掉胡萝卜头部的蒂（不要留有绿色蒂部）。

切方柱条

将胡萝卜横向放置，切成4~5cm长的段，旋转90°，自一端切成约1cm宽的片。切口朝下放置，自一端切成约1cm宽的条。

切丝

❶ 将胡萝卜横向放置，切成4~5cm长的段，旋转90°，纵向切薄片。

❷ 将❶摆好，沿纤维切成1~2mm粗的丝。这种切法适合制作沙拉和金平牛蒡等。

切薄片条

将胡萝卜横向放置切成4~5cm长的段，旋转90°自一端切薄片。切口朝下摆好，自一端切成约1cm宽的条。

切圆片

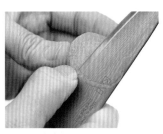

❶ 将胡萝卜横向放置，自一端依个人喜好切成一定厚度的圆片。

❷ 用于制作蜜汁胡萝卜等炖菜时，可削掉切口边缘（削角）。这样处理不易煮散。

切银杏片

将胡萝卜对半切开，切口朝下放置，再次对半切开。将其横向放置，自一端依个人喜好切成一定厚度的片。

胡萝卜沙拉

鲜艳夺目的胡萝卜沙拉就是餐桌上的一道风景。即使没有香橙，胡萝卜也可单独成菜，香甜可口。

材料（2 人份）

胡萝卜········· 1 小根（120g）

香橙············1/2 个（100g）

Ⓐ
| 橙汁 ············ 2 大匙 |
| 柠檬汁 ············ 2 小匙 |
| 橄榄油 ············· 1 大匙 |
| 盐、胡椒粉 ······ 各适量 |

1　参照 P22 把胡萝卜 **切丝**。将胡萝卜丝放入平底盘中，撒入 1 小撮盐（分量外）静置数分钟，待胡萝卜丝变软后挤净水分。

2　香橙剥皮后去掉表面的薄皮，将每瓣果肉切成 8mm 厚的大小。

3　将Ⓐ放入盆中，用打蛋器搅拌均匀，加入 **1** 和 **2** 搅拌。

蜜汁胡萝卜

西式炖菜，可将胡萝卜的香甜发挥得淋漓尽致。可作为肉类料理的配菜，也可作为便当小菜，省时省力。

材料（2 人份）

胡萝卜·········· 1 根（150g）

Ⓐ
| 黄油、砂糖 ······ 各 1 大匙 |
| 盐 ············· 1 小撮 |
| 胡椒粉 ················ 少许 |

1　参照 P22 把胡萝卜 **切圆片**，切成 5mm 厚的圆片后削角。

2　将 **1** 和Ⓐ放入锅中，倒入可没过食材的水（分量外），中火加热。

3　待胡萝卜变软后取出，改大火收汁。再次放入胡萝卜粘裹汤汁。

卷心菜

 1月~5月
7月~8月

适合制作炖菜和小炒，切丝适合搭配肉类料理。菜叶绿翠、沉甸甸有重量感的卷心菜最佳。

●处理

1）将刀尖从卷心菜的芯轴边缘朝里侧插入，沿芯轴切一圈。

2）用手挖掉芯轴。

3）将芯轴一侧朝上放入盛水的盆中，菜叶之间浸水后可轻松剥离。

4）外侧菜叶上的叶轴芯比较硬，可用刀削掉。

切大块

将菜叶摆好，沿纤维自一端切成约3cm宽的条状，旋转90°再次切成约3cm宽的大块。这种切法适合制作小炒等。

切碎块

将菜叶摆好，沿纤维自一端切成约1cm宽的条状，旋转90°再次切成约1cm宽的丁。这种切法适合制作沙拉和汤类等。

切丝

❶ 沿卷心菜叶轴将其切成4块，去掉里侧的嫩叶。将外侧菜叶呈纤维纵向排列摆好，自上按压。

❷ 自一端切成小于1mm的丝。同样将嫩叶切成丝。切好后，放入水中浸泡数分钟，使其变得口感脆爽。

卷心菜的保存

卷心菜挖掉芯轴后，使用浸湿的厨房用纸包裹，放入冰箱中的蔬果保鲜室，可保存数日。

包菜肉卷

虽然有点费时费工，但是总会让人跃跃欲试。
用番茄酱汁代替鸡汤煮制也很美味。

 a  b

为了将馅料包裹成卷，将右侧的卷心菜往左侧翻折，再上折成卷。

用手指将左侧的卷心菜压入肉卷中。

材料（2 人份）

卷心菜…………8 小片（480g）
洋葱…………… 1/2 小个（80g）
黄油………………… 不满 1 大匙
猪肉馅（或者混合肉馅）… 200g

Ⓐ | 面包粉（干）…………2 大匙
| 牛奶………………2 大匙

鸡汤………………2 杯半
月桂叶…………………1 片
盐、胡椒粉……………… 各适量

1 锅中倒入足够的水煮沸，加盐（分量外，1L 水加 10g 盐）使之化开。

2 参照 P24 处理 卷心菜，整片放入 **1** 中。大约煮制 2 分钟，使卷心菜变软至可裹住馅料，盛入滤筛放凉。

3 放凉后置于厨房用纸上，吸干水分。将削掉的芯部切成末。

4 将洋葱（P20）切成末。将黄油放入平底锅中，中火加热，待黄油变成焦黄色后，加入洋葱末翻炒数秒钟。盛入盆中，将盆浸入冰水中散热放凉。

5 将Ⓐ放入容器中，搅拌均匀。

6 将肉馅、**3** 中的芯末、**4~5**、1 小撮盐、少许胡椒粉放入盆中，用手搅匀，分成 8 等份。

7 将 **3** 中的卷心菜分别铺展开，将 **6** 中的馅料置于叶轴一侧卷成卷（图 **a~b**）。

8 将 **7** 摆入锅中，倒入鸡汤大火加热。加入月桂叶、1 小撮盐、少许胡椒粉，出现浮末后将其撇出，改成小火，盖上锅盖煮大约 40 分钟。

豆芽

 全年

无明显季节性，一年四季均可购买到。适合与其他食材搭配食用，是小炒等家庭料理不可或缺的蔬菜。白嫩粗大的豆芽最佳。

●处理

1）手持豆芽，把芽附近的细嫩部分掐去尖。

2）把另一侧（根须）的细嫩部分也掐去。

3）掐芽去根后，豆芽的长短整齐划一，外观美、口感佳。

凉拌豆芽

煮过之后再凉拌，制作起来轻松方便，是餐桌上大受欢迎的一道菜。

材料（2 人份）

豆芽·············· 1 袋（200g）

Ⓐ
白芝麻、香油 … 各 2 小匙
盐 ················· 1 小撮
胡椒粉 ················ 少许

1 锅中加入足够的水煮沸，加盐（分量外，1L 水加 10g 盐）使之化开。

2 处理豆芽，放入 1 中快速焯一下，盛入滤筛沥水。

3 将 2 和Ⓐ装入盆中搅拌。

生菜

 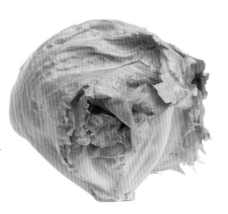

9 12 3 6　4月~12月

制作沙拉、搭配料理，方便美味。菜叶
呈淡绿色、小巧紧实的生菜最佳。

● 处理

1）生菜用刀去根，将菜叶一片一
片剥离。

2）用指尖将各片生菜叶撕成方便
食用的大小，不管是外观还是口
感都很不错。不适合使用刀具，
建议用手操作。

3）将撕好的生菜在凉水中浸泡大
约10分钟，可使口感脆爽。注意，
如果浸泡时间过长，口感会变差。

金枪鱼番茄青蔬沙拉

生菜口感脆爽，令人回味无穷。使用日式酱香调味汁，
更适合搭配日式料理。

材料（2 人份）

生菜·················· 4 片
黄瓜·············· 1/3 根（30g）
番茄·············· 1/2 个（80g）
金枪鱼（罐装）··· 1 罐（70g）

日式调味汁

| 酱油、醋········· 各 2 大匙
| 色拉油·············· 3 大匙

1　处理生菜，将黄瓜（P36）斜切成 5mm 厚的片，将
　　番茄（P34）切成 6 等分的梳形块。

2　将日式调味汁的材料放入盆中，用打蛋器搅拌均匀。

3　将 1 装盘，放入金枪鱼，用 2 调味。

竹笋

3月~5月
10月

竹笋（生）

初春的竹笋鲜香美味，适合制作炖菜和小炒。外皮光亮、前端尖细、根部少疙瘩的竹笋最佳。

竹笋（水煮）

水煮竹笋多以真空包装，一年四季均可购买到。

● 处理

1）将竹笋洗净，纵向放置，斜切掉笋尖。

2）将竹笋横向放置，切掉根部较硬的部分。

3）将1中切掉笋尖的切口朝上放置，纵向切入竹笋至一定深度。

4）将3放入锅中，倒入可没过竹笋的水。加入1把米糠、1根红辣椒，大火加热，煮沸后改小火煮大约1个小时。

5）在锅中连同汤汁一起放凉，快速冲净后，从3中的切口处剥皮。

6）用刀削掉根部的疙瘩。

7）分切为笋尖和笋根。

切梳形块

将笋尖对半切开，切口朝下放置，再次对半切开，自外侧朝中心再次斜切成2等份。

切半圆形薄片

将笋根切成约1cm厚的圆片，然后对半切开。

28

竹笋土佐煮

在新鲜竹笋大量上市的初春，大家一定要尝试制作一下。家常炖菜，当属热乎乎的竹笋。鲜香可口、美味无穷。

材料（2 人份）

竹笋（焯过水的竹笋或者水煮竹笋）

·· 180g

A 高汤 ····································· 2 杯

料酒、淡口酱油 ······ 各 2 大匙

干鲣鱼片 ································ 适量

1 参照 P28 **处理**竹笋，分切为笋尖和笋根。将笋根切成半圆形薄片，将笋尖切成梳形块。

2 将 **A** 放入锅中，中火加热，煮沸后加入 **1** 中的笋根，改小火煮。2~3 分钟后加入笋尖煮大约 15 分钟。装盘，放入干鲣鱼片。

芹菜

11月~5月
7月~9月

口感脆爽、香味独特，适合制作沙拉和小炒等。茎部粗壮、菜叶新鲜的芹菜最佳。

●处理

切片

1）将带有菜叶的茎部折断，去掉菜叶，将茎部和菜叶分开，在茎部细处切断。将细茎和菜叶切碎，适合制作汤类和佃煮等。

2）将刀刃插入茎部的切口处，以拇指按压，撕扯去筋。

将茎部均切为两段，粗壮的根部需纵向对半切开。横向放置，刀具朝外斜切成片。

芹菜炒油渍沙丁鱼

使用罐装油渍沙丁鱼，制作简单、品相出众。柠檬汁可去腥除味，提味提鲜。

材料（2 人份）

芹菜茎	1 根（100g）
油渍沙丁鱼（罐装）	1 罐（100g）

Ⓐ
白葡萄酒	1 大匙
柠檬汁、酱油	各 1 小匙

盐、粗粒黑胡椒 各少许

1 **处理**芹菜，切片。

2 将 1 大匙油渍沙丁鱼中的油放入平底锅中，中火加热，加入 **1** 快速翻炒。

3 将油渍沙丁鱼加入 **2** 中翻炒，加入Ⓐ再次翻炒。加入盐、粗粒黑胡椒调味。

绿芦笋

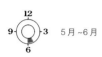

5月~6月

可焯水后制作沙拉，也可制作小炒等。
笋尖闭合、茎部软嫩的芦笋最佳。

●处理

1）将刀刃插入芦笋茎部的叶鞘
前，以拇指按压，削掉叶鞘。

2）纵向放置芦笋，自笋尖下方
4~5cm 处使用削皮器削皮，旋转
芦笋，重复该削皮操作。

3）自根部2~3cm 处将芦笋弯折，
在自然断裂处折掉根部。

芦笋培根卷

使用整根芦笋，品相华美大气、适合待客。也可作
为下酒菜。

材料（2 人份）

绿芦笋…………… 4 根（80g）

培根（片）…………… 4 片

酱油………………… 1 大匙

色拉油……………… 少许

1 处理绿芦笋，分别用 1 片培根斜向包卷。

2 将色拉油倒入平底锅中，中火加热，将 1 中卷好的
芦笋培根卷自下而上排列于锅中。为了不使培根脱
离芦笋，以锅铲按压煎制。

3 待培根变色后以锅铲翻转，使芦笋培根卷均匀上色，
煎制完成后撒入酱油调味。

四季豆、荷兰豆、食荚豌豆

12
9 — 3
6

5月~10月

四季豆

焯水后适合制作沙拉和凉拌菜等。深绿色、挺直、豆粒未凸起的四季豆最佳。

12
9 — 3
6

3月~6月

荷兰豆

焯水后适合制作凉拌菜和汤类等。色泽鲜亮、整体饱满的荷兰豆最佳。

12
9 — 3
6

3月~6月

食荚豌豆

焯水后适合制作沙拉、搭配用做配菜等。油亮、饱满、未变色的食荚豌豆最佳。

●四季豆的处理

掰折四季豆连枝的一端，拉扯去筋。另一端以同样的方法去筋。

切大段

将四季豆自一端切成3~4cm长的段。这种切法适合制作芝麻拌菜等凉拌菜和小炒等。

斜切成片

用刀将四季豆自一端斜切成片。这种切法适合制作炖菜和汤类等。

●荷兰豆的处理

掰折荷兰豆连枝的一端，拉扯去筋。另一端以同样的方法去筋。

斜切成段

用刀将荷兰豆自一端斜切成3~4等分的段。

切丝

将荷兰豆的豆荚掰开，纵向摆好，自一端切丝。这种切法适合制作炖菜和散寿司饭等。

●食荚豌豆的处理

掰折食荚豌豆连枝的一端，拉扯去掉两侧的筋。

四季豆等的焯煮方法

将四季豆等加盐焯煮（参照P33）后，盛入滤筛扇风放凉。这样一来更显鲜嫩翠绿。

芝麻拌四季豆

炒过的芝麻浓香四溢，好吃到停不下来。也可使用市售碎芝麻，但是
还是新鲜出炉的碎芝麻更加浓郁好吃！

材料（2 人份）

四季豆⋯⋯ 15~20 根（100g）

白芝麻⋯⋯⋯⋯⋯⋯⋯⋯ 4 大匙

料酒⋯⋯⋯⋯⋯⋯⋯⋯⋯ 1 大匙

Ⓐ 高汤、酱油、砂糖
⋯⋯⋯⋯⋯⋯⋯ 各 1 大匙

1　锅中加水煮沸，加盐（分量外，1L 水加 10g 盐）使之化开。

2　参照 P32 四季豆的处理后放入 **1** 中，煮大约 3 分钟后（尝味，煮至无草青味、口感松软）捞起，过凉水，盛入滤筛。

3　用团扇扇风放凉，切掉两端后切大段。

4　将白芝麻放入小锅中，大火加热。待小锅变热后改成中小火，炒至浓香四溢后倒入研钵研碎。

5　将料酒倒入耐热器皿中，直接放入微波炉加热大约 20 秒钟。加入Ⓐ和 **4** 搅拌，然后加入 **3** 搅拌。

* 5 中加热料酒可使酒精挥发，味道变得温和。

番茄、樱桃番茄

2月~9月

番茄

常用于制作沙拉、配菜和小炒等。鲜红亮丽、沉甸甸、饱满的番茄最佳。

樱桃番茄

形状、颜色各异，品种多样，香甜可口，常用于制作沙拉、配菜和便当等。

●番茄的处理

1）将刀刃刃尖朝内插入番茄蒂部边缘，沿蒂部旋转一圈。

2）取出蒂部。

3）将番茄置于漏勺等中，放入沸水中。蒂部边缘的皮翻起后取出。

4）将从沸水中取出的番茄放入冰水中。

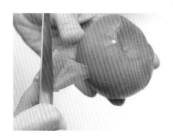

5）将刀刃插入蒂部边缘翻起的皮中，撕拉去皮。

●樱桃番茄的处理

将刀刃刃尖朝内插入樱桃番茄蒂部边缘。沿蒂部旋转一圈去蒂。

切圆片

将番茄蒂部一侧朝右放置，自一端依个人喜好切成一定厚度的圆片。这种切法适合制作三明治和沙拉等。

切梳形块

将番茄纵向对半切开，切口朝下放置，再次对半切开。分别朝芯部斜切均分为二。这种切法适合制作沙拉和配菜等。

切丁

将番茄切成1~2cm厚的圆片，自一端切成1~2cm宽的条。旋转90°切成1~2cm宽的丁。这种切法适合制作沙拉和小炒等。

番茄沙拉

此款沙拉所用调味汁清新爽口，其中的芥末粒更是令人印象深刻。作为意大利面等西式料理的配菜，方便简单。

材料（2 人份）

番茄…………………………… 1 个（180g）

调味汁（常用量）

 | 洋葱（切末）………………… 2 大匙
 | 色拉油、白葡萄酒醋……… 各 2 大匙
 | 芥末粒………………………… 1/2 大匙
 | 盐………………………………… 2 小撮
 | 胡椒粉………………………… 少许

1 参照 P34 处理番茄，将番茄切丁，大小约为 2cm。

2 将制作调味汁的材料放入盆中，用打蛋器搅匀。

3 将 **1** 放入容器中，加入 2 大匙 **2** 中的调味汁搅匀。

油渍樱桃番茄

此款沙拉色彩斑斓、艳丽夺目。制作起来非常简单，就连料理初学者也不会出错。

材料（2 人份）

樱桃番茄（红、黄）……………… 各 6 个

 | 柠檬汁………………………… 2 小匙
A | 橄榄油………………………… 1 大匙
 | 盐………………………………… 2 小撮
 | 胡椒粉………………………… 少许

1 参照 P34 处理樱桃番茄，对半切开。

2 将**A**放入盆中，用打蛋器搅匀，加入 **1** 搅拌。

黄瓜

5月~8月
10月~12月

常用于制作沙拉、凉拌菜和小炒等。表面多有凸起、色泽浓重、饱满的黄瓜最佳。

● 处理

1）将黄瓜横向放置，用刀背将表面的凸起剔落。

2）切掉蒂部（粗的一侧）和带花的头部。

3）切掉蒂部后摩擦切口，使涩液流出。

4）用刀子削掉流出涩液的皮。

5）将黄瓜置于菜板上，撒上少许盐，双手按压搓滚（板搓），用流水冲掉盐。这样一来，黄瓜更显鲜亮。

切圆片

将黄瓜横向放置，自一端依个人喜好切成一定厚度的圆片。这种切法适合制作醋拌黄瓜等凉拌菜、沙拉等。

斜切成片

将黄瓜横向放置，斜插入刀，自一端切成 1~2mm 厚的片。这种切法适于制作沙拉和配菜等。

拍

用研磨杵和擀面杖等拍打黄瓜，待黄瓜上出现裂纹后掰成可食用的大小，使其更加容易入味，这种切法适合制作凉拌菜和小炒等。

醋渍黄瓜裙带菜

以甜醋凉拌，怡甜爽口，是味浓、油腻等主菜的配菜首选。加入樱花虾和小杂鱼也不错。

材料（2 人份）

黄瓜·············· 1 根（100g）

裙带菜（盐藏）··············20g

A 高汤················· 2 大匙
酱油、砂糖······ 各 1 大匙
醋················· 3 大匙

1　参照 P36 处理黄瓜，将黄瓜切成 3mm 厚的圆片。撒入少许盐（分量外）静置数分钟，待黄瓜变软后挤净水分。

2　用水清洗、水发裙带菜，快速入热水焯一下，放入凉水中。盛入滤筛沥干水分，切成可食用的大小。

3　将**A**放入盆中搅匀，加入 **1** 和 **2** 搅拌。

泡菜炒黄瓜

拍碎的黄瓜加泡菜炒制，非常入味，是一款不错的下饭菜。以香油、酱油润饰，风味一流！

材料（2 人份）

黄瓜·············· 1 根（100g）

辣白菜······················· 200g

生姜（切末）·········· 1 小匙

清酒····················· 1 大匙

酱油、香油·········· 各 1 小匙

1　参照 P36 处理黄瓜，拍碎。

2　将香油和姜末（P119）倒入平底锅中，小火加热，爆香后加入 **1** 大火翻炒。

3　加入辣白菜翻炒，加热后洒入酒和酱油翻炒均匀。

青椒、灯笼椒

3月~9月

青椒

适合制作小炒、沙拉和汤类等。光亮饱满、色泽均匀、柔软肉厚的青椒最佳。

灯笼椒

色彩鲜艳，清甜爽脆。制作成沙拉和腌泡菜、加入汤类等中，可使料理变得鲜亮诱人。

●处理 A

1）将青椒纵向对半切开。填入馅料时，最好选用底部分成4瓣（图左）的青椒。

2）将青椒纵向放置，对半切开。

3）用手去除籽和筋。

●处理 B

1）将馅料填入青椒后切圆片时，需将刀尖插入蒂部边缘，沿边缘旋转一圈。

2）用手拉蒂部，揪掉籽和筋。

3）未揪掉的籽，需用手指伸入青椒内去除干净。

* 以同样的方法处理灯笼椒。

切丝

❶ 处理 A 后，在蒂部一侧切入数刀。

❷ 将❶中青椒的内侧朝下放置，自一端切成约 1mm 粗的丝。沿纤维切制而成，适合制作保留口感的小炒等。

切圆片

处理 B 后，将青椒横向放置，自一端依个人喜好切成一定厚度的圆片。切断纤维成片，适合生食制作沙拉等。

青椒酿肉

连小朋友都会爱的一道菜，冷食也很好吃，适合作为便当配菜。
馅料中加入粉状奶酪，味道更显浓厚香甜。

使用滤茶器将淀粉均匀地筛入青椒内侧，这样一来馅料不易脱离。

材料（2 人份）

青椒······················· 3 个
合绞肉馅················· 180g
玉米粒（罐装）········· 3 大匙
橄榄油····················· 1 小匙
盐、胡椒粉、淀粉、番茄酱
　···················· 各适量

1　参照 P38 中的 处理 A 处理青椒。

2　将肉馅、盐、胡椒粉放入盆中，用手搅至粘连、抓起不落的程度。加入玉米粒搅匀，分成 6 等份。

3　将淀粉撒入 1 中的青椒中（图 a），填入 2。

4　将橄榄油倒入平底锅中，中火加热，将 3 中填有馅料的部分朝上摆入锅中，盖上锅盖焖煎约 5 分钟。

5　使用锅铲翻面，盖上锅盖煎 3 分钟，装盘挤入番茄酱。

茄子

5月~7月
9月~10月

常用于制作小炒、炖菜和腌菜等。鲜紫油亮、圆润饱满、萼片尖突的茄子最佳。

● 处理

将刀插入茄子的蒂部，切掉蒂部和萼片。残留的萼片用手剥掉。

切滚刀块

❶ 将茄子的下部朝左放置，自一端斜插入刀。旋转使切口朝上，斜插入刀。重复该操作。

❷ 切完后放入水中浸泡约 10 分钟去涩。

切圆片

将茄子横向放置，自一端依个人喜好切成一定厚度的圆片。这种切法适合制作焖煮菜和小炒等。

切八条块

将茄子纵向对半切开，切口朝下放置，再次对半切开。分别朝芯斜切成 2 等份。

斜切成片

将茄子横向放置，斜插入刀，自一端依个人喜好切成一定厚度的圆片。这种切法适合制作天妇罗、小炒和奶酪烤菜等。

切花刀（饰刀）

将茄子纵向对半切开，切口朝下横向放置。斜插入刀，划入深至2/3 的刀口，切成 1~2cm 厚的块。

切花刀（暗刀）

❶ 将茄子纵向对半切开，切口朝下横向放置。斜插入刀，划出浅浅的刀口。

❷ 改变茄子的放置方向，划入同样的刀口使之呈格子状。这种切法容易入味，适合制作焖煮菜等。

味噌炒茄子

味道香浓，堪称米饭最佳伴侣！翻炒大葱时加入大蒜、生姜爆香，茄子会更加入味。

材料（2~3 人份）

茄子…………… 4 根（600g）

大葱…………… 3cm（15g）

A | 味噌、酱油…… 各 1 大匙
| 砂糖、料酒… 各 1/2 大匙

香油………………… 1 大匙

1　参照 P40 处理茄子，切成滚刀块。放入水中浸泡约 10 分钟去涩，捞入滤筛沥水。

2　将大葱（P50）切末。

3　将 **A** 放入盆中，用打蛋器搅匀。

4　将香油和 **2** 放入平底锅中，小火翻炒。爆香后加入 **1**，大火煎至茄子变成焦黄色。

5　将 **3** 倒回 **4** 中，晃动平底锅翻炒。

焖煮茄子

茄子喜油，经炸制、焖煮后，茄肉吸满汤汁。香辣美味，也适合做下酒菜。

材料（2~3 人份）

茄子……………………2 根（300g）

A | 高汤 ……………………1 杯
| 砂糖、料酒、清酒、酱油 ……各 1½ 大匙

红辣椒（切横切片）………………… 1/2 根

炸制用油………………………… 适量

1　参照 P40 处理茄子，将茄子切成 5mm 厚的圆片。放入水中浸泡约 10 分钟去涩，捞入滤筛沥水。

2　将油倒入平底锅中至 2cm 高，加热至高温（190℃）炸制 **1**。待茄子变色后，盛入放有网架的平底盘中沥油。

3　将 **A** 和红辣椒放入锅中，中火加热。煮沸后加入 **2**，小火煮制约 10 分钟。关火静置放凉，使茄子入味。

苦瓜

6月~9月

除了小炒以外，还适合切片凉拌等。鲜亮翠绿、沉甸甸、饱满的苦瓜最佳。

●处理

1）将苦瓜横向放置，切掉蒂部和带花的头部。

2）将苦瓜纵向放置，用手按压使苦瓜不要翻滚，纵向对半切开。

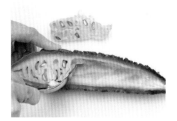

3）切口朝上，自前端插入汤匙，挖去芯和籽。

4）用汤匙挖去残留的芯。

5）芯味苦，需去除干净。如果想保留一点苦味，也可稍微残留一点芯。

6）苦瓜切好后放入水中浸泡约10分钟去除苦味。

切片

将处理好的苦瓜的切口朝下放置，自一端切片。去除苦味后，适合制作凉拌菜和沙拉等。

切厚片

将处理好的苦瓜的切口朝下放置，自一端切成厚片。比薄片味稍苦，适合制作小炒等。

豆腐炒苦瓜

此款小炒营养满分、畅爽美味，是餐桌上的常见菜。

若无午餐肉，也可使用猪五花肉等代替。

材料（2 人份）

苦瓜……………… 1 根（150g）

木棉豆腐……… 1/3 块（100g）

午餐肉……………………… 60g

鸡蛋………………………… 1 个

Ⓐ 酱油、清酒……… 各 1 大匙
砂糖………………… 1 小匙

色拉油……………………… 少许

盐、胡椒粉、干鲣鱼片… 各适量

1 参照 P42 处理苦瓜，将苦瓜切成 3mm 宽的片。将豆腐（P110）切成 1cm 宽的条。将午餐肉切成 5mm 宽的条。

2 将色拉油倒入平底锅中，中火加热，加入 1 中的豆腐，两面煎制。待煎至焦黄色后加入午餐肉翻炒。

3 待午餐肉变色后加入 1 中的苦瓜，大火快速翻炒。待苦瓜变软后，加入Ⓐ翻炒。加入盐、胡椒粉调味。

4 将打散的蛋液倒入中央翻搅，待鸡蛋半熟后装盘，撒入干鲣鱼片。

香菇、蟹味菇、舞茸、金针菇

香菇

完整无伤、肉厚的香菇最佳。不要挑选伞底褶子发黑的香菇。

蟹味菇

接近蘑菇根的部分蓬松饱满、雪白的蟹味菇最佳。

舞茸

伞色浓重、伞柄结实的舞茸最佳。

金针菇

伞顶圆润、伞柄饱满的金针菇最佳。

●香菇的处理

1 ）菇面不要用水清洗，使用厨房用纸（有条件的也可以使用毛刷）擦净表面的污垢。

2 ）用手按压伞部，切掉香菇根。

3 ）伞面朝下放置，抓住伞柄，从靠近伞底褶子的部分切掉伞柄。可将伞柄切碎，用于制作料理。

切四等分块

切片

斜切成片

伞面朝上放置，对半切开。旋转90°再次对半切开。适合制作小炒和炖菜等。

伞面朝上放置，自一端切成1~2mm厚的片。

伞面朝上放置，刀面朝外斜插入刀切片。

●其他菌类的处理

1 ）用手按压蘑菇，切掉蘑菇根。

2 ）依个人喜好，用手将伞柄撕成恰当的大小。

菌类小炒

酒醋味酸，触动味蕾。菌类不限于以上 4 种，请依个人喜好选用。

材料（2 人份）

香菇、蟹味菇、舞茸、金针菇
　　………………… 各 60g

洋葱……………1/2 个（120g）

大蒜………………… 1/2 瓣

Ⓐ
　　芥末 ………… 1 小匙
　　白葡萄酒醋、橄榄油
　　………… 各 1⅓ 大匙

盐、胡椒粉、橄榄油… 各适量

1　参照 P44 处理菌类，将香菇切片。将洋葱（P20）沿纤维切条。将大蒜（P118）用刀背按压，自上拍碎。

2　将Ⓐ放入盆中，用打蛋器搅匀。

3　将 1 大匙橄榄油和 **1** 中的大蒜放入平底锅中，小火加热，爆香后加入 **1** 中的菌类。待菌类变软后大火翻炒，趁热倒入 **2** 中。

4　在 **3** 中的平底锅中加入 **1** 小匙橄榄油，中火加热，加入 **1** 中的洋葱翻炒至变软。倒入 **3** 中搅匀，加入盐、胡椒粉调味。

白菜

12 月~1 月

冬季常见蔬菜，用途广泛，适合制作日式火锅、炖菜、小炒和腌菜等。菜叶紧裹、沉甸甸、外侧菜叶色深的白菜最佳。

●处理 A

1）使用少量白菜时，将刀插入菜叶根部附近。

2）抽出刀后，菜叶可一片片剥离。制作层煮（P47）时，可直接使用。

3）菜叶和菜帮的火候不同，可沿菜帮斜插入刀，将菜叶切下。

●处理 B

1）将白菜的芯轴朝上立起，用手按压，用刀在正中央划入一道4~5cm 深的刀口。

2）将双手拇指插入刀口，朝两侧掰扯成两半。这样一来，可将菜叶完整保留。

3）将切面朝上放置，将刀插入根部正中 4~5cm 深，依 2 的方法掰扯成两半。

斜切成片

将菜帮横向放置，刀面朝外斜插入刀，切片。这种刀法适合和切成大块的蔬菜制作小炒和炖菜。

切条

将菜帮切断纤维，呈约 5cm 长的块。旋转 90°，沿纤维自一端切成约 5mm 厚的条。这种切法适合制作小炒等。

千层白菜猪肉煮

白菜与猪肉相得益彰，好吃到不停筷。以香油、胡椒粉和盐调味，味道纯正香浓。

将层煮白菜和猪肉的切口朝上，自锅一端依次摆放。

材料（直径20cm的锅1份）

白菜·············1/4个（500g）

猪五花肉·····················300g

A {
高汤·····················4杯
香油·····················1小匙
盐·····················1/2小匙
胡椒粉·····················少许
}

蘸汁

香油、粗盐、粗粒黑胡椒、小葱（切横切片）·············各适量

1. 参照 P46 中的**处理 A**（步骤 1~2）处理白菜，剥离菜叶。将猪肉和白菜叶交互层叠摆放，切成 3~4cm 长的段。

2. 将 1 摆放入锅中（图 a），加入 Ⓐ 中火加热。待煮沸后盖上锅盖，小火煮约 10 分钟。

3. 将蘸汁材料放入容器中，用 2 蘸食。

菠菜、小松菜

12 月 ~2 月

菠菜

适合焯煮后制作凉拌菜、小炒等。菜叶青翠饱满、根茎水灵的菠菜最佳。

小松菜

多用于制作小炒、汤类、凉拌菜和焖煮菜等。菜叶呈深绿色的小松菜最佳。

●处理

1）将刀插入菠菜根部切掉。

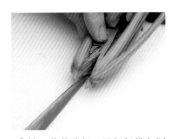

2）按压菠菜茎部，于根部纵向划入 1~2cm 的刀口。

3）掰开切口，朝两侧撕扯成两半。

4）再次于 **3** 中的根部纵向划入 1~2cm 的刀口，同样撕扯成两半，共分成 4 半。

5）将菠菜根部浸入水盆中，浸泡约 30 分钟后，菜叶会变得更加青脆。晃动清洗掉沙粒，沥干水分。

6）拉扯菠菜茎，撕去叶脉，这样一来口感会更佳。

※ 小松菜的处理方法同菠菜。

切段

将菠菜横向放置，自一端切成 3~4cm 长的段。将菜叶和茎分开，制作起来会更加方便。适合制作小炒等。

> ### 青菜去涩
>
> 菠菜和茼蒿等含有草酸的蔬菜多有涩味，经焯煮可去涩，炒制时可提前焯煮一下。小松菜和青菜少有涩味，可直接炒制。

凉拌菠菜

看似简单，实则学问颇深。窍门在于将菠菜焯煮过后扇风放凉。这样一来，色泽会更加青翠鲜艳。

材料（2 人份）

菠菜…………1/2 把（100g）

清酒……………… 1/2 大匙

A | 高汤………… 2 大匙
A | 酱油………… 1 大匙

干鲣鱼片……………… 适量

1 参照 P48 处理 菠菜。

2 将酒倒入耐热容器中，直接放入微波炉加热约 15 秒钟，倒入 Ⓐ 搅匀。

3 锅中倒入足够的水煮沸，加入盐（分量外，1L 水加 10g 盐）使之化开。

4 将 **1** 中的菠菜茎浸入 **3** 中约 10 秒钟，将菠菜全都放入锅中焯煮约 1 分钟。待菠菜茎变软后盛入滤筛，用团扇扇风放凉。

5 将 **4** 中的菠菜挤净水分，切成 4cm 长的段，装盘。倒入 **2**，加入干鲣鱼片。

蒜香炒青菜

小松菜清甜美味，配以大蒜、蚝油调味，浓浓的中式风味。也可使用青菜和空心菜制作。

材料（2 人份）

小松菜………… 1 把（300g）

大蒜…………………… 2 瓣

A | 蚝油、清酒…… 各 1 大匙
A | 胡椒粉……………… 少许

色拉油………………… 2 大匙

1 参照 P48 处理 小松菜，切成 4cm 长的段。将大蒜（P118）切末。

2 将色拉油和 **1** 中的蒜末放入平底锅中，小火翻炒。爆香后加入小松菜，大火快速翻炒，加入 Ⓐ 翻炒均匀。

大葱

 11月~2月

适合制作作料、小炒和汤类等。葱白水灵、
与葱叶区分清楚的大葱最佳。

横切成片

将大葱横向放置，切掉根部后，
自一端切成 1mm 厚的薄片。放入
水中浸泡约 5 分钟，使其变得更
加青脆。这种切法适合制作汤类
等的作料。

切末

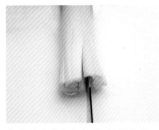

❶ 将大葱的根部切掉，旋转大葱，
沿纤维细密地切下。

❷ 将切过的一端朝右放置，自一
端切成 2~3mm 粗的末。葱末比
横切片的香味更浓。

切葱花

❶ 将葱白切成 4~5cm 长的段，纵
向划入一个刀口。

❷ 将❶中的切口掰开，取出中间
的芯。可将芯切末，制作小炒等。

❸ 将外侧葱白部分自一端切成粗
细小于 1mm 的丝。切段纤维，口
感更软。

切丝

❶ 在切葱花步骤②之后，将外侧
葱白部分平铺纵向放置，自上以
手按压。

❷ 沿❶的纤维自一端切成粗细小
于 1mm 的丝。这样一来，大葱的
口感和风味会更佳。

葱花和葱丝，都需放入水中浸泡
数分钟后沥水，适合用作炖鱼和
红烧肉等的配料。

腌渍香煎葱段

大葱经煎烤加热后会变得香甜可口，于酸甜腌渍汁中腌渍之后即成一品。适合搭配日式料理、西式料理等各种料理食用。

材料（2 人份）

大葱	……………………	1 根
醋	…………………	6 大匙
砂糖	…………………	3 大匙
盐	………………	1/2 小匙
水	…………………	2 大匙

A（醋、砂糖、盐、水）

1 将大葱切掉根部，切成 3cm 长的段。将 A 倒入盆中搅拌均匀。

2 使用烤鱼架将 **1** 中的葱段烤至两面焦黄，趁热放入 A 中腌渍。

莲藕

11月~3月

适合制作炖菜、炸菜、小炒和醋拌凉菜等。圆润结实的莲藕最佳。不要挑选藕孔发黑的莲藕。

●处理

1）按压莲藕，将刀插入藕节（藕段与藕段的连接处）中，分切成段。

2）将首尾两端的端部切掉。

3）纵向手持藕段，使用削皮器自上而下削皮。旋转藕段，重复该削皮操作。

4）将缠裹铝箔的筷子插入藕孔中，旋转清污，用水冲净。

5）莲藕切好后，放入加有醋（1L水加1大匙醋）的水中浸泡约10分钟，去除涩味。

切圆片

将莲藕横向放置，自一端依个人喜好切成一定厚度的圆片。这种切法适合制作炖菜、小炒和炸制料理等。

切片

将莲藕纵向对半切开，切口朝下横向放置，自一端切成1~2mm厚的片。这种切法适合制作醋拌藕片、小炒和沙拉等。

切块

将莲藕纵向对半切开，切口朝下再次纵向对半切开。分别旋转90°，以同样的角度斜切成块。

香煎藕盒

莲藕所特有的清脆香甜口感，令人回味无穷！夹取清淡鸡肉馅，香糯爽滑。煎至焦香为关键所在。

将馅料置于1片藕片上，其上加盖1片藕片按压使馅料充满藕孔。

材料（2 人份）

莲藕⋯⋯⋯⋯⋯⋯⋯⋯ 110g

鸡肉馅⋯⋯⋯⋯⋯⋯⋯ 100g

A ▶ | 清酒、酱油 ⋯⋯ 各1小匙

小葱⋯⋯⋯⋯⋯⋯⋯⋯ 3根

色拉油、橙汁酱油⋯⋯ 各适量

1 参照 P52 **处理**莲藕，切成 5mm 厚的圆片（12 片）。浸入醋水（分量外）中去涩，用水洗净后盛入滤筛，使用厨房用纸吸干水分。

2 将鸡肉馅和**A**放入盆中，用手搅至肉馅变得黏稠。

3 将小葱(P118)切成横切片，加入 **2** 中搅拌均匀。将馅料分成 6 等份。

4 将 **3** 中的馅料夹入藕片中（图 **a**）。

5 将色拉油倒入平底锅中，中火加热，将 **4** 摆入锅中，中小火煎制。待煎至焦黄后翻面煎，直至将两面煎至焦黄。装盘，蘸取橙汁酱油食用。

芋头

9月~11月

适合制作炖菜、炸物和小炒等。不要挑选有伤的芋头。圆润饱满、表皮湿度适宜的芋头最佳。

●处理

1）将芋头带皮放入盛水的盆中，浸泡片刻，使表皮变软。

2）用刷帚刷拭表皮，清洗掉泥土。

3）将洗净的芋头盛入滤筛，放置至表面变干。这样一来，表皮便会容易剥落。

切圆片

4）按压芋头，用刀切掉两端。

5）手持芋头，切口朝上，将刀刃插入切口，沿芋头侧面削皮。

将芋头横向放置，自一端切成约5mm厚的圆片。这种切法适合制作炖菜等。

切半月片

将芋头纵向对半切开，切口朝下，横向放置，自一端切成约5mm厚的薄片。这种切法适合制作小炒和汤类等。

芋头去黏液

爽口炖菜等需要去除芋头黏液的料理，需提前焯煮芋头（锅中倒入没过芋头的水，大火煮沸，煮至竹扦可轻松插入芋头）。

香炸芋饼

香炸芋饼是一种广受欢迎的家庭料理。里面夹的奶酪是风味与品相的
重点。请大家趁热品尝！

在置于保鲜膜上的芋头中
心放入奶酪，团成一团。

材料（2 人份）

芋头·····················6 个（300g）

碎奶酪························· 40g

蛋液·····················1 个鸡蛋

低筋面粉、面包糠、炸制用油、酱汁

······························ 各适量

1 参照 P54 处理芋头（1~3），带皮摆入冒着蒸汽的蒸锅蒸约 20 分钟。

2 趁热剥皮，装入盆中，用叉背和研磨杵等压碎。

3 将 **2** 分成 4 等份，分别置于保鲜膜上压平。在中心放入奶酪，团成
   一团，压成圆饼状（图 **a**）。

4 在 **3** 上裹上一层薄薄的低筋面粉，挂上蛋液，再裹上一层面包糠。

5 将 **4** 一个一个快速放入加热至中温（170℃ ~180℃）的油中，用筷
   子翻面将芋饼炸至焦黄，捞起盛入放有网架的平底盘中。装盘，浇
   入酱汁。

芜菁

10月~12月
3月~5月

适合制作炖菜、凉拌菜和沙拉等。雪白油亮、无裂痕的芜菁最佳。不要挑选个头过大的芜菁。

●处理 A

1）按压芜菁，切掉芜菁叶，只留有离根部约 4cm 长的茎部。可将菜叶切成可食用的大小，制作成腌菜等。

2）将芜菁的根须切掉。

3）将芜菁纵向对半切开，切口朝下放置，朝中心斜切成 3 等份（梳形块）。

4）在 3 中芜菁的茎部附近横向划入刀口。

5）自前端插入刀刃，削皮至刀口。削掉的皮稍厚一点，不会残留有纤维，口感更佳。

6）用竹扦等将塞在叶茎之间的沙土清理干净，用水冲净。

●处理 B

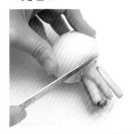

1）完成处理 A 中的 2 后，自芜菁根部将叶茎切掉。

2）自切口插入刀刃，旋转芜菁削皮。

切片

在处理 A 的 3 中，将纵向对半切开的芜菁切口朝下放置，自一端切成约 3mm 厚的片。这种切法适合制作小炒和沙拉等。

肉末勾芡芜菁

水灵清甜的芜菁搭配勾芡鸡肉馅，简直绝妙无比！
清淡爽口，齿间留香。

材料（2 人份）

芜菁·············· 2 个（200g）
鸡肉馅······················ 120g
生姜（切末）··········· 1 小匙
高汤····················· 1 杯
清酒、料酒 ····· 各 1 大匙
淡口酱油········ 1½ 大匙
水淀粉················· 适量
色拉油················· 2 小匙

1 参照 P56 中的 处理 Ⓐ将芜菁切成 6 等分的梳形块。
2 将色拉油和姜末（P119）倒入锅中，小火加热，爆香后加入肉馅，大火翻炒。待肉馅变色后加入Ⓐ。
3 煮沸后加入 **1**，小火煮约 3 分钟，直至芜菁变软。浇入水淀粉，搅拌均匀。

速渍芜菁叶

剩余的芜菁叶可用来制作腌菜。只需拌入咸海带，
制作起来非常简单。是一道不可多得的小菜。

材料（2 人份）

芜菁叶茎········ 3 根（150g）
咸海带··········· 2 大匙（16g）

1 将芜菁叶茎切成 4~5cm 长的段。
2 连同咸海带放入盆中搓揉。放置数分钟，待芜菁变软后再次搓揉，使其入味，稍稍挤去水分装盘即可。

萝卜

12 月~2 月

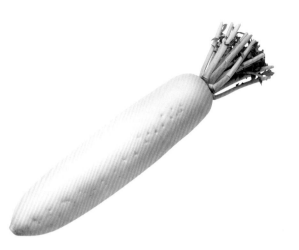

适合制作炖菜、汤类、小炒和沙拉等。
沉甸甸、雪白、结实的萝卜最佳。

●处理

1）将萝卜切成适当长度的段。手持萝卜，切口朝上，纵向插入刀刃，以拇指按压萝卜皮削皮。

2）制作炖菜时，削皮的要领为削掉切口边缘（削角）。这样处理，萝卜不易煮散。

3）制作炖菜时，可在切口上划入十字刀口。这样一来，萝卜更易煮烂、入味。

切圆片

将萝卜横向放置，自一端依个人喜好切成一定厚度的圆片。这种切法适合制作炖菜和蒸菜等。

切半月片

将萝卜纵向对半切开，切口朝下横向放置，自一端依个人喜好切成一定厚度的薄片。这种切法适合制作炖菜和小炒等。

切银杏片

将萝卜纵向对半切开，切口朝下放置，再次对半切开。横向放置，自一端切成一定厚度的薄片。这种切法适合制作汤类和小炒等。

切方柱条

将萝卜横向放置，切成 4~5cm 长的段，旋转 90°，自一端切成约1cm 厚的片。切口朝下放置，自一端切成约 1cm 宽的条。

切丝

将萝卜横向放置，切成 4~5cm 长的段，旋转 90°，自一端切成2~3mm 厚的片。切口朝下放置，自一端切成 2~3mm 粗的丝。

萝卜泥

将萝卜擦成泥，盛入滤筛沥去汁液（如果萝卜泥中的汁液太多，料理会变得水渍渍的）。

酱汁萝卜

不管是品相，还是制作方法，都格外简单，其家常风味使人倍感
亲切。松软萝卜蘸取香浓味噌酱汁食用。

材料（2 人份）

萝卜·························· 10cm
大米·························· 1 大匙
味噌酱汁（常用量）
　味噌················· 4 大匙
　砂糖、高汤、料酒
　　　　　　　　　 各 3 大匙
　清酒················· 1 大匙
　蛋黄················· 1 个

1　将萝卜均分切成两段，参照 P58 处理。

2　将 **1** 放入锅中，倒入可没过萝卜的水（分量外）。加入大米盖上锅盖，
　中火加热。煮约 40 分钟，直至萝卜变软至竹扦可插入芯部。

3　制作味噌酱汁。将味噌和砂糖放入锅中，加入高汤、料酒、清酒搅
　拌使其化开。加入蛋黄搅拌均匀，小火加热至适当的浓稠度。

4　将 **2** 装盘，浇入适量 **3**。

* **2** 中煮制萝卜时，加入大米（或者米糠），
　可使萝卜煮得松软雪白。

南瓜

9 月 ~12 月

常用于制作炖菜、汤类、炸物和小炒等。皮硬色浓、沉甸甸的南瓜最佳。

● 处理

1）在南瓜的蒂部插入刀刃，呈十字形切成 4 等份。若南瓜太硬，可将布巾等盖于刀背，自上按压切割。

2）将汤匙插入切口，挖掉南瓜籽和瓜瓤。

3）制作煮南瓜时，可使表皮朝上放置，横向对半切开。

4）将 3 中的南瓜表皮朝下放置成扇形，纵向对半切开。

5）将 4 中的南瓜表皮朝下放置，手把细细的一端横向对半切开。

6）将 5 中的南瓜表皮朝外，于多处入刀削去薄薄的一层皮。这样处理，会更加容易入味。

7）削皮要领在于削掉 6 中的南瓜切口边缘（削角）。

切梳形块

完成处理中的 3 后，将南瓜表皮朝下放置成扇形，呈放射状均分切成几等份。

切片

完成处理中的 3 后，将南瓜表皮朝下放置成扇形，呈放射状切成 2~3mm 厚的片。

煮南瓜

热乎乎的香甜南瓜甜中带咸，味美浓郁。待南瓜变软后加入酱油调味，此为窍门所在。

材料（2 人份）

南瓜…………1/4 个（300g）

A
高汤…………………… 1 杯
清酒、料酒…… 各 2 大匙

酱油…………………… 1 大匙

1　参照 P60 处理南瓜。

2　将 **1** 中的南瓜表皮朝下摆入锅中，加入 Ⓐ，中火加热。煮沸后，改成小火，加盖（若无锅盖，可加盖厨房用纸）煮制。

3　将南瓜煮软至竹扦可轻松插入，加入酱油煮 2~3 分钟。

牛蒡

11月~1月
4月~7月

适合制作小炒和炖菜等，焯煮过后适合制作沙拉。粗细均匀、笔直带泥的牛蒡最佳。

●处理

牛蒡带皮使用刷帚刷拭，用水冲洗干净。

斜削成片

❶ 牛蒡稍粗的一端朝里放置，用刀纵向在多处划入刀口。

❷ 将①中的牛蒡横向放置，将刀朝向外侧插入，旋转牛蒡，斜削成片。

❸ 改变入刀角度、缩短削片宽度，可使削片变细。

❹ 牛蒡削好后，需放入加有醋（1L水加1大匙醋）的水中浸泡约10分钟去涩。

❺ 削片适合制作金平牛蒡、小炒和沙拉等。

斜切成片

将牛蒡横向放置，斜插入刀切成2~3mm厚的片。通过调整入刀角度可改变切口长度。这种切法适合制作炖菜、小炒和汤类等。

切丝

将牛蒡切成4~5cm长的段，纵向放置，自一端切成2~3mm厚的片。切口朝下放置，自一端切成2~3mm粗的丝。这种切法适合制作小炒等。

切块

将牛蒡横向放置，斜插入刀成块。旋转牛蒡，切口朝上放置，再次斜插入刀成块。重复该切法切块。这种切法适合制作炖菜等。

金平牛蒡

代表性下饭菜，一碟小菜，可食用多碗米饭。

将牛蒡斜削成片，更易蘸取调味酱汁。

材料（2 人份）

牛蒡………… 大根 1 根（200g）

红辣椒（切横切片）… 1/4 根

Ⓐ 清酒………………… 1 小匙
料酒………………… 2 大匙

Ⓑ 砂糖………………… 1 大匙
酱油………………… 2 大匙

香油、白芝麻……… 各 1 小匙

色拉油…………………… 1 大匙

1　参照 P62 处理牛蒡，斜削成片。

2　将色拉油和红辣椒放入平底锅中，小火翻炒。爆香后加入 **1**，大火翻炒。

3　待牛蒡变软后加入Ⓐ翻炒，待酒精挥发（煮去）后，加入Ⓑ搅拌均匀。

4　将 **3** 的中央留空，滴入香油，倾斜回转平底锅，使香油均匀沾于锅底内侧调味。加入白芝麻搅拌均匀。

西蓝花、花椰菜

 11月~1月

西蓝花

焯煮后适合用作料理配菜、制作小炒等。花苞尖尖、鲜亮青翠的西蓝花最佳。

 11月~3月

花椰菜

适合制作热蔬菜沙拉和西式泡菜等。沉甸甸、饱满结实的花椰菜最佳。

● 处理

1）将刀插入西蓝花根茎和花苞的连接处，将花苞切成一朵朵小花苞。

2）将切成小花苞的西蓝花的花房朝下放置，在茎部的正中央划入一个刀口。

3）将双手拇指插入刀口朝两侧掰扯。这样一来，花房不易变散。

※ 花椰菜的处理方法同西蓝花。

牛油果

 9月~10月

适合制作沙拉、凉拌菜和沙司等。表皮呈褐色、轻按会稍微凹陷的牛油果最佳。不要挑选表皮上有褶的牛油果。

● 处理

1）将牛油果纵向放置，将刀刃插入正中央，刀刃触到果核后沿果核旋转划入刀口。双手持牛油果扭转掰开。

2）手持带有果核的一半，将刀刃根插入果核扭转刀具，去除果核。

3）牛油果的表皮可直接用手撕掉。

食用土当归

3月~5月

焯煮后适合制作味噌醋拌凉菜和沙拉等。表皮也可用来制作金平土当归。表面长有绒毛、粗壮笔直的食用土当归最佳。

● 处理

1）将食用土当归切成3~4cm长的段，用水洗净，削去厚厚的一层皮。

2）使用表皮制作金平土当归时，可将1自一端切成稍厚一点的丝，放入醋水中浸泡约10分钟去涩。

3）使用内芯制作凉拌菜时，可自一端切成薄片后再切成约1cm宽的薄片条，放入醋水中浸泡约10分钟去涩。

款冬

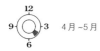

4月~5月

春季时令蔬菜，水灵鲜嫩，适合制作凉拌菜和炖菜等。菜叶青翠鲜艳、茎部饱满挺括的款冬最佳。

● 处理

1）将款冬的叶子切掉，将茎部切成可放入平底锅（或者锅）中的长度，加盐焯煮（1L水加10g盐）至茎部变得青翠鲜亮。

2）将刀刃插入款冬的切口，朝前拉扯去皮。旋转款冬去皮。

> **青焯款冬（常用量）**
> 处理好5根款冬，切成5cm长的段。将1杯半高汤、1大匙酒、1大匙砂糖、1/2大匙料酒、1/4大匙盐、1/2小匙淡口酱油放入锅中，大火煮沸。加入款冬煮制1分钟盛入滤筛。将煮款冬的汤汁放入冰水中冷却，放入款冬浸泡。

芥蓝

12 月~4 月

味微苦，适合焯煮后制作凉拌菜、炒制小炒等。鲜嫩、未开花的芥蓝最佳。

● 处理

1）盆中盛水，放入芥蓝茎浸泡约30 分钟。这样一来，菜叶会变得更加鲜嫩清脆。

2）炒制芥蓝、焯煮后制作凉拌菜时，可将芥蓝对半切开。

花生酱拌芥蓝（2 人份）

将 1 把芥蓝（200g）处理好后，加盐焯煮约 2 分钟，盛入滤筛扇风放凉。挤干水分，切成 4cm 长的段。将 1 大匙半酱油（加砂糖）、3 大匙花生酱搅拌均匀，加入芥蓝搅拌。

冬瓜

7 月~12 月

适合制作炖菜、汤类和小炒等。表皮墨绿、切口水灵白净的冬瓜最佳。

● 处理

1）将冬瓜横向对半切开，纵向切成 2 等份，用汤匙挖掉冬瓜籽和瓜瓤。

2）用削皮器削去薄薄的一层皮，不要露出白色部分。表皮之下的坚硬部分也一同削掉。

3）制作炖菜时，可将 2 纵向放置，切成放射状，然后分别切成约 3cm 大小的块。

秋葵

 6月~9月

黏滑美味。适合焯水后制作凉拌菜，凉拌豆腐和纳豆等。青翠鲜艳、个头均匀、长有绒毛的秋葵最佳。

●处理

1）将连枝的一端切掉。使用整个秋葵时，只需切掉一点端部。

2）纵向手持秋葵，将刀刃插入坚硬的萼部削掉。

3）将盐撒到秋葵上，摩擦揉搓去除绒毛。

毛豆

 7月~10月

富含营养成分的夏季时令蔬菜，适合煮制后做下酒小菜食用。豆粒凸起、绿色深的毛豆最佳。不要挑选枝叶呈茶色的毛豆。

●处理

1）用剪刀将毛豆从枝叶上剪落，连枝一端稍微剪掉一点。这样一来，用盐水煮时会更加入味。

2）将1放入盆中，撒入盐摩擦揉搓，去除绒毛和污垢，用水洗净。

●煮制方法

锅中倒入足够的水煮沸，加盐（1L水加40g盐）使之化开，加入毛豆煮制3~4分钟。铺于盆筛中静置放凉。

红薯

 9月~11月
1月~2月

根菜类，有甜味，适合制作天妇罗、柠檬红薯和小炒等。短粗、沉甸甸的红薯最佳。不要挑选带伤的红薯。

切圆片

将红薯洗净，带皮横向放置，自一端依个人喜好切成一定厚度的圆片。这种切法适合制作炖菜和汤类等。

斜切成片

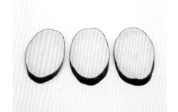

同样将红薯横向放置，斜插入刀刃，自一端依个人喜好切成一定厚度的片。这种切法适合制作天妇罗等。

切细条

同样将红薯横向放置，斜切成约3mm厚的片。切口朝下放置，自一端切成约3mm粗的细条。

山药

 11月~1月

根菜类，黏滑可口，适合擦成山药糊制作凉拌菜等。粗壮、沉甸甸、笔直的山药最佳。

擦山药糊

山药黏滑，可使用削皮器削掉使用部分的表皮，手持部分带皮更容易擦成山药糊。

切丝

❶ 将山药切成 4~5cm 长的段，削皮纵向放置，自一端切成薄片（稍微切掉一点，切口朝下放置，会更加稳定易切）。

❷ 将❶摆好纵向放置，自一端切丝。在❶ ~ ❷中使用厨房用纸按压山药，会更加稳定易切。

青菜

源自中国的蔬菜,适合制作小炒和汤类。
菜叶呈深绿色,叶宽茎厚、饱满的青菜
最佳。

● 处理

1)将青菜的芯轴朝上立起,用手
按压于根部的正中央,划入一道
4~5cm 深的刀口。

2)将双手拇指插入刀口,朝两侧
掰扯成两半。这样一来,可将菜
叶完整保留。

3)重复 **2** 的操作,将青菜掰分成
4 份。可直接焯煮、切块制作小
炒等。

茼蒿

 11月~3月

味微苦,有独特香气。适合制作日式火锅、
凉拌菜和沙拉等。菜叶青翠鲜艳、茎部
柔软的茼蒿最佳。

● 处理

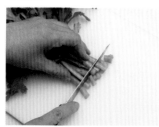

1)将茼蒿根部的坚硬部分切掉。

2)盆中盛水,将茼蒿的茎部放入
水中浸泡约 30 分钟。这样一来,
菜叶会变得更加鲜嫩清脆。

3)虽然菜叶可连同茎部一起焯煮
后制作凉拌菜等,但是制作生食
沙拉时,需用手摘掉菜叶。

调味品

调味品除了可以为料理调味，还有使食材变软、防止其变色的作用。另外，有一些调味品如砂糖和盐有很多种类，因此熟知其各自的特性也是非常重要的。在这里会介绍家庭料理中不可或缺的基础调味品。

砂糖

除了可以为料理增加甜味以外，还可以为料理增添光泽、使食材变软。料理中常使用绵白糖，除此之外，还有更甜的三温糖和使用甘蔗制作而成的红糖等。

盐

除了可以为料理增加咸味以外，还有加入焯煮蔬菜的热水中使蔬菜的颜色变得更加鲜亮、撒到蔬菜和鱼类等上，使其脱去多余的水分的作用。有使用海水制作而成的粗盐和使用粗盐加工而成的精盐。

醋

除了可以为料理增加酸味以外，还有防止牛蒡和莲藕等涩味重的食材变色、使食材变软的作用。常使用由大米制作而成的米醋、由谷物制作而成的谷物醋。

酱油

可以为料理增加风味和香味，是日式料理不可或缺的调味品。提到酱油，多指浓口酱油，使用颜色浅的淡口酱油，可使炖菜和汤类的品相更佳。

味噌

为大豆发酵而成，除了制作味噌汤，还可以为炖菜和小炒等增添独特的风味和浓香。由于各地饮食文化的不同，存在着信州味噌、西京味噌、八丁味噌等多种味噌。

料理用酒

含有比饮用酒更多的香甜成分，可以为料理增加风味和香味。加热挥发掉（煮去）多余的酒精后再使用，可使味道变得更加温和。除此之外，还有去腥除味的功效。

料酒

含有酒精的甜味调味品。比砂糖更加香甜，也可以为料理增添光泽。和料理用酒一样，加热挥发掉酒精后再使用，可使料理变得更加温醇。

> **料理中应用广泛的调味品**
>
> 除了基础调味品以外，还有为料理提味的胡椒粉和粗粒黑胡椒，用于西式料理的蛋黄酱、番茄酱、酱汁，除此之外，还有芥末、各种香辛料用于中式料理和民族特色菜的豆瓣酱、蚝油、鱼露等各种调味品。依个人喜好常备一些调味品，可广泛应用于各式料理中。

第二章
肉类料理

可在超市买到处理过的肉类，无需费工夫进行处理即可进行料理制作。但是，去筋等小细节的处理，还是会影响到料理完成的好坏。在这里主要介绍鸡肉各部位的处理方法、家庭中常制作的代表性肉类料理和将各种料理制作得美味可口的关键所在等。

鸡肉

鸡肉在家庭料理中被广泛使用，可制作炸鸡、照烧鸡肉和炖鸡等。部位不同，其味道和处理方法也不同，因此要熟知其特征并区别使用。

< 鸡肉的部位 >

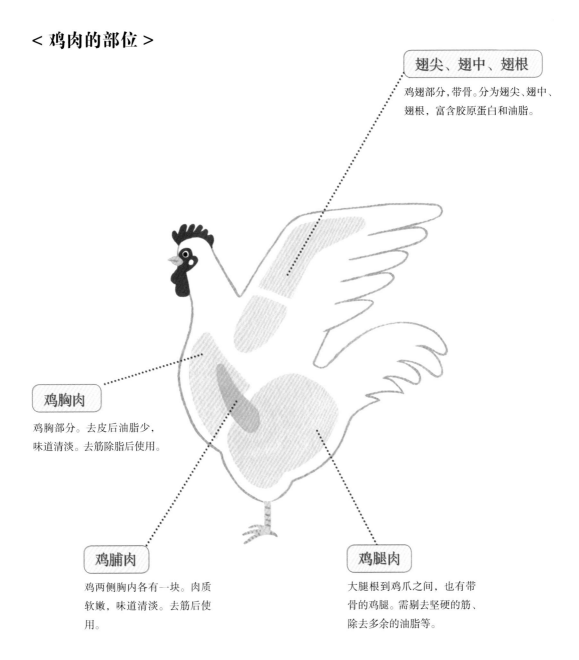

翅尖、翅中、翅根

鸡翅部分，带骨。分为翅尖、翅中、翅根，富含胶原蛋白和油脂。

鸡胸肉

鸡胸部分。去皮后油脂少，味道清淡。去筋除脂后使用。

鸡脯肉

鸡两侧胸内各有一块。肉质软嫩，味道清淡。去筋后使用。

鸡腿肉

大腿根到鸡爪之间，也有带骨的鸡腿。需剔去坚硬的筋、除去多余的油脂等。

鸡胸肉、鸡脯肉

鸡胸肉

油脂少，味道清淡。常用来制作蒸鸡、煎制后包卷蔬菜炖制等。

鸡脯肉

油脂少，健康营养。适合焯煮后制作凉拌菜、炒制小炒等。火候太大，鸡肉容易变柴，需谨慎操作。

●**鸡胸肉的处理**

●**鸡脯肉的处理**

1）用手撕扯鸡胸肉上的皮，用刀切掉肉上的多余油脂。

2）使用鸡胸肉包卷食材制作时，可将刀侧切入肉厚的部分，分切为两份。

用手按压鸡脯肉肉厚一侧的白筋，将刀刃侧切入白筋顶部一侧，撕扯去筋。

棒棒鸡

将鸡胸肉放入沸水中焯煮一下，肉质会变得松软湿滑。

材料（2 人份）

鸡胸肉……………… 1 块（200g）

Ⓐ
| 大葱（葱叶）………… 1 根
| 生姜（切片）………… 2 片
| 清酒 ……………… 1 大匙

黄瓜……………… 1 根（100g）

芝麻酱汁

| 芝麻酱（白）……… 1½ 大匙
| 砂糖、酱油、醋 …… 各 1 大匙
| 香油 …………… 1/2 大匙

1 将足够的水（分量外）和Ⓐ放入锅中，煮沸后关火。放入处理好的鸡肉，加盖静置约 10 分钟。

2 将黄瓜（P36）切成 5cm 长的丝。

3 将芝麻酱汁的材料搅拌均匀。将 **2** 铺于盘子中，用手将 **1** 撕成丝，置于黄瓜丝上，浇入芝麻酱汁。

鸡腿肉

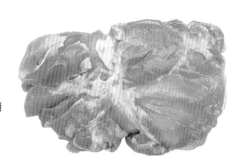

有弹性，比鸡胸肉更加美味多汁。常用来制作炸鸡、炖鸡和小炒等。

●处理

1）鸡腿肉为图片左侧大腿根到右侧鸡爪之间的部分。鸡爪部分有筋。

2）将1平铺开，鸡皮朝下，在有筋的部分划入多个刀口。

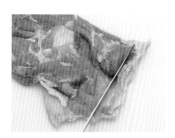

3）用刀切掉露在鸡肉外的多余鸡皮。

4）用刀切掉连在鸡肉上的多余油脂。这样一来，料理就不会变得油腻。

5）取1块鸡肉煎制时，可将刀侧切入肉厚的部分，把肉切开。

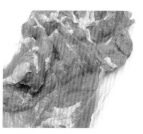

6）将切开部分拉向另一侧，使鸡肉的厚度均一。

7）将鸡皮朝上放置，将刀刃刃尖于多处插入，划入刀口。这样一来，鸡肉不但可以均匀受热，还可以更加入味。

8）制作炸鸡时，自一端切成3~4cm宽的长条块，旋转90°，切成3~4cm宽的块，每块鸡肉均为一口即可食用的大小。

炸鸡

炸鸡广受欢迎，但是各家各户的制作方法不尽相同。在这里会介绍面衣中加入鸡蛋的炸鸡的制作方法。这种炸鸡鲜嫩多汁，香脆可口。

a

用手揉捏，使鸡肉吸足水分。直接放于阴凉处腌渍约 30 分钟使其入味。

材料（2 人份）

鸡腿肉············· 1 块（250g）
腌渍汁
| 大蒜 ···················· 1 瓣
| 生姜 ··········· 1 块（10g）
| 鸡蛋 ················· 1/2 个
| 清酒、酱油 ······ 各 1 大匙
| 砂糖 ················· 1 小匙
| 盐、胡椒粉 ······· 各适量
低筋面粉··············· 2 大匙
炸制用油················· 适量

1　参照 P74 处理鸡肉，切成一口即可食用的大小放入盆中。

2　将制作腌渍汁的大蒜（P118）和生姜（P119）擦成泥，连同其余材料加入 **1** 中，揉捏鸡肉使其入味（图 **a**）。

3　在 **2** 中加入低筋面粉粘裹于鸡肉上，放入加热至中温（180℃）的油中炸制，其间不要夹碰。

4　待表面炸至焦黄后用筷子夹取翻面，炸制 5~6 分钟，其间同样不要夹碰。最后改成大火升高油温，炸至松脆。

翅尖

油脂多，适合制作高汤，常用来制作炖菜。除此之外，也可以用来制作炸鸡。沿鸡骨划入刀口，可使料理变得更加浓郁美味。

●处理

1）用刀刃刃尖在翅尖的关节处划入刀口，用手将关节掰断，用刀将鸡肉切断。

2）翅尖鸡皮朝下放置，沿鸡骨插入刀刃刃尖，将鸡肉切开。另一侧以同样的方法切开。

3）如图将翅尖平铺开制作，火候均匀，炖菜等易入味。

翅尖炖萝卜

通过处理，沿鸡骨划入刀口的翅尖非常入味，肉质鲜嫩、入口即化。

材料（2 人份）

翅尖·························· 4 个

萝卜··············· 8cm（300g）

高汤························· 1½ 杯

Ⓐ 酱油、料酒··· 各 1½ 大匙
｜盐 ················· 1 小撮

1 处理翅尖，将萝卜（P58）切成 2cm 厚的半月片。

2 将高汤和 **1** 放入锅中，中火加热。待萝卜煮至松软、竹扦可轻松插入后，加入Ⓐ小火煮制约 10 分钟。

鸡胗

帮助鸡进行消化和吸收的部位，口感脆爽。其中的筋较硬，需做适当处理。

●处理

1）将刀插入鸡胗凸起的旁边。

2）刀刃斜向外侧。

3）沿凸起削离筋。

4）另一侧以同样的方法削离筋。这样一来，炸鸡胗和炒鸡胗都会变得脆爽软嫩。

香甜酱鸡胗（2 人份）

将 150g 鸡胗处理好，纵向对半切开。在平底锅中倒入少量色拉油，中火加热，翻炒鸡胗。待鸡胗受热后，加入酱油、清酒、料酒各 1 大匙翻炒炖煮。装盘，放入适量大葱横切片。

鸡肝、鸡心

鸡内脏，营养丰富，异味轻、味道美。其中的血块等需清除干净。

●处理

1）用手按压鸡心（图片上侧部分），将刀插入与鸡肝的连接处切断。

2）去除粘连在鸡肝上的血管和污垢，将鸡肝切成适当大小。

3）用刀切掉粘连在鸡心上的白色部分。

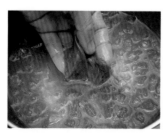

4）将 2 和 3 放入盛有冰水的盆中，将血块和污垢清洗干净。

5）使用厨房用纸擦干水分。

猪肉

常用来制作炸猪排和姜末煎通脊等广受欢迎的料理。
肉色呈淡粉色、油脂呈雪白色的猪肉最佳。

＜猪肉的部位＞

猪肩里脊肉

靠近猪后背肩部的肉。肉质
松软、油脂适中，多切成厚
片使用。

猪通脊肉

猪后背中部的肉。肉质细腻，
比猪肩里脊肉更加松软。

猪里脊肉

猪通脊肉内侧的肉。比猪通
脊肉更加细腻松软。油脂少，
清爽味美。

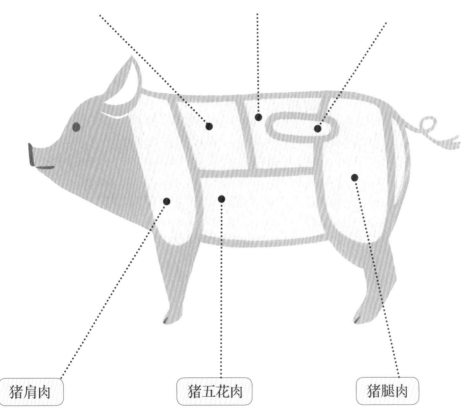

猪肩肉

从猪肩到猪前蹄之间的肉。
该部位常活动，肉质稍硬、
多筋。

猪五花肉

猪腹部的肉，多肥肉，肥美
可口。由于瘦肉和肥肉相间，
常被称为"五花三层肉"。

猪腿肉

猪腿部的肉。油脂少，几乎
全为瘦肉，肉质稍硬。多切
成薄片使用。

猪肩里脊肉

炸猪排

鲜香松脆，口感一流，为必会家庭料理之一。
只需粘裹面衣炸制，请大家一定要尝试一下。

该部位的肥肉不多不少、恰到好处，肉质松软。除了用来制作炸猪排以外，也用来制作日式火锅等。

用刀在瘦肉和肥肉之间的筋处，间隔约 2cm 划入贯通里侧的刀口。

在猪肉上加盖保鲜膜，使用擀面杖和研磨杵等拍打，使肉质变得松软。

材料（2 人份）

猪肩里脊肉（炸猪排用）
……………… 2 块（200g）
鸡蛋………………………… 1 个
Ⓐ｜水 ………………… 1 大匙
　｜色拉油 ………… 1 小匙
卷心菜………………… 2 片
盐、胡椒粉、低筋面粉、面包糠、
　炸制用油、酱汁…… 各适量

1　猪肉去筋拍打至松软（图 a~b）。撒入盐、胡椒粉，粘裹低筋面粉，将多余的低筋面粉抖落。

2　将鸡蛋打入平底盘中，加入Ⓐ、盐和胡椒粉搅匀，使用细眼滤筛等过滤。将 1 挂上蛋液，粘裹面包粉。

3　将 2 放入加热至中温（180℃）的油中，炸制约 4 分钟后用筷子翻面，再炸约 4 分钟直至变成焦黄色、油泡变小。

4　处理卷心菜（P24）切丝，将 3 切成适当大小，装盘，浇入酱汁，依个人喜好挤入芥末酱（分量外）。

猪通脊肉

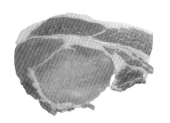

姜末煎通脊

香煎通脊粘裹甜辣姜末酱汁，喷香味美，是一道不错的下饭菜。
此处使用的是薄片猪肉，也可使用厚片猪肉，分量超足。

肉质细腻松软，肥美可口。除了用来制作姜末煎通脊以外，还可以用来制作通脊蔬菜卷等。

材料（2 人份）

猪通脊肉（薄片）··········300g

Ⓐ
- 生姜··········1 块（15g）
- 清酒、料酒········各 1 大匙
- 酱油··················3 大匙

盐、胡椒粉、生菜·····各适量

色拉油··················1 小匙

1　将猪肉平铺开，撒入盐、胡椒粉。

2　将Ⓐ中的生姜（P119）擦成末，连同其余的材料放入盆中搅拌均匀。

3　将色拉油倒入平底锅中，中火加热，摆入 **1** 煎制，待煎至焦黄色后翻面煎制。待两面均煎好后，倾斜平底锅，用厨房用纸擦掉多余的油分。

4　倒入 **2**，晃动平底锅使猪肉粘裹酱汁。装盘，放入生菜（P27）。

猪五花肉

红烧肉

细火慢炖的红烧肉，松软可口、浓香四溢。制作起来稍费工夫，却是一道绝佳的肉类料理，炖肉汤汁也可浇于米饭上食用。

该部位多肥肉，肥美可口，适合制作炖菜等炖煮料理，也可切成薄片制作小炒。

材料（2 人份）

猪五花肉（大块）………	400g
大米………………………	10g
A	清酒……………	5 大匙
	料酒……………	2 大匙
	高汤……………	1 杯
B	砂糖……………	1 大匙
	酱油……………	1½ 大匙
葱花（P50）……………	适量

1　将猪肉切成约 5cm 宽的块（图 **a**）。

2　将 **1** 和足够没过 **1** 的水（分量外）放入锅中，加入大米盖上锅盖，大火加热。待煮沸后改小火煮约 2 个小时。中途掠去浮末和油脂。

3　将猪肉煮至松软、竹扦可轻松插入后取出，用流水冲洗，用厨房用纸擦去水分。

4　将 **A** 放入另一只锅中，中火加热使酒精挥发（煮去）。加入 **B**，大火煮沸，加入 **3**。

5　再次煮沸后，改成小火，煮至炖煮汤汁只剩下一半。装盘，放入葱花点缀。

将猪五花肉横向放置，自一端切成约 5cm 宽的块。关键在于需将肉块切成均一大小。

牛肉

常用于制作咖喱牛肉和香煎牛排等，肉香味美。
部位不同，其肉质和味道也各不相同，请根据料理选择相宜的部位。

< 牛肉的部位 >

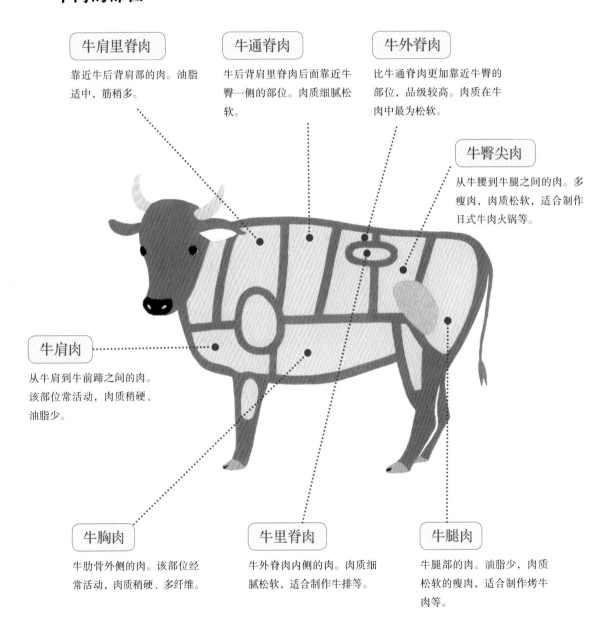

牛肩里脊肉

靠近牛后背肩部的肉。油脂适中，筋稍多。

牛通脊肉

牛后背肩里脊肉后面靠近牛臀一侧的部位。肉质细腻松软。

牛外脊肉

比牛通脊肉更加靠近牛臀的部位，品级较高。肉质在牛肉中最为松软。

牛臀尖肉

从牛腰到牛腿之间的肉。多瘦肉，肉质松软，适合制作日式牛肉火锅等。

牛肩肉

从牛肩到牛前蹄之间的肉。该部位常活动，肉质稍硬、油脂少。

牛胸肉

牛肋骨外侧的肉。该部位经常活动，肉质稍硬、多纤维。

牛里脊肉

牛外脊肉内侧的肉。肉质细腻松软，适合制作牛排等。

牛腿肉

牛腿部的肉。油脂少，肉质松软的瘦肉，适合制作烤牛肉等。

牛肩里脊肉（肉片）

多筋，适合制作炖煮料理。大块牛肩里脊肉，适合切块炖煮。

土豆炖牛肉

家庭料理中的代表菜品。使用猪肉和肉馅制作也很美味，在这里介绍使用牛肉制作的方法。也可依个人喜好加入胡萝卜和魔芋丝。

材料（2 人份）

牛肩里脊肉（肉片）…… 150g
土豆……… 大个 2 个（400g）
洋葱………… 1 个（200g）
生姜………… 1 块（10g）

Ⓐ ┌ 清酒 ………… 1⅓ 大匙
　└ 料酒 ………… 1 大匙

Ⓑ ┌ 高汤 ………… 1½ 杯
　└ 砂糖 ………… 3 大匙

酱油………… 2 大匙
色拉油………… 2 小匙

1　将牛肉拆散。将土豆（P18）切成 4 等块，洋葱（P20）切成梳形块，生姜（P119）切成薄片。

2　将色拉油倒入锅中，中火加热，翻炒 1 中的姜片，爆香后加入洋葱，大火翻炒。

3　待洋葱变软后加入牛肉翻炒。待牛肉变色后加入土豆再次翻炒，加入Ⓐ使酒精挥发掉（煮去）。

4　加入Ⓑ，煮沸后掠去浮末，倒入酱油轻轻翻搅，小火煮约 10 分钟。

牛肩里脊肉（薄片）

咖喱牛肉

使用肉片卷制作，不但可以缩短煮制时间，还可以更加入味。加入苹果酱炖煮，可使味道变得更加香浓。

肉质稍硬，煮起来需花费点时间，在这里使用肉片卷来制作。

材料（2 人份）

牛肩里脊肉（薄片）…… 300g
洋葱…………… 1 个（200g）
胡萝卜………… 1/2 根（80g）
大蒜………………………… 1 瓣
生姜…………… 1/2 块（5g）
Ⓐ 水 …………………… 3 杯
　 苹果酱 ……………… 1 小匙
咖喱粉（市售品）………80g
米饭………………………… 适量
盐、胡椒粉………… 各适量
色拉油……………… 1 大匙

1. 将牛肉平铺开层叠，切成 3cm 大小的块（图 a~b），撒入盐、胡椒粉。
2. 将洋葱（P20）切成梳形块，将胡萝卜（P22）切成滚刀块。将大蒜（P118）和生姜（P119）擦成末。
3. 将色拉油倒入平底锅中，中火加热，加入 1 煎至表面焦黄。
4. 加入 2 中的洋葱和胡萝卜翻炒，加入Ⓐ大火煮沸，掠去浮末，小火煮约 15 分钟。
5. 加入咖喱粉、2 中的蒜末和姜末搅拌均匀，煮至咖喱粉溶于汤汁中。将米饭装盘，浇入咖喱。

将牛肉平铺开纵向切成约 3cm 宽的长片，层叠摆至约 3cm 高。

将 a 横向放置，自一端均切成约 3cm 宽的块。

牛外脊肉

香煎牛排

豪华牛肉料理，可尽享牛肉的鲜嫩松软。关键在于将牛排表面煎至焦黄。可依个人喜好调整煎制火候。

肉质松软，味美香浓，为品级较高的部位，适合制作香煎牛排。

材料（2 人份）

牛外脊肉········ 2 块（300g）

西蓝花·············· 1/4 个

酱汁

　黄油 ············· 3 大匙

　柠檬汁 ··········· 2 大匙

　酱油 ············· 1 大匙

Ⓐ 黄油、色拉油 ··· 各 1 小匙

盐、胡椒粉············· 各适量

1 提前 30 分钟~1 小时从冰箱中取出牛肉，室温解冻，于筋处划出刀口（图 a）。

2 将Ⓐ放入平底锅中，大火加热，待变成茶色后，放入撒有盐、胡椒粉的 **1**。

3 待表面煎至焦黄后翻面，将两面均煎至焦黄。

4 将西蓝花（P64）分切为小花苞加盐焯煮。将酱汁材料放入小锅中，中火加热，用打蛋器将黄油搅至化开。

5 将 **3** 装盘，放入西蓝花，浇入酱汁。

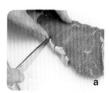

在牛肉的筋处间隔约 2cm 纵向划出刀口。这样一来，可防止牛排煎制后变小。

合绞肉馅

香煎肉饼

为餐桌常见料理，老少皆宜，广受欢迎。洋葱不要炒过头，快速翻炒、味稍变甜即可，这样煎制而成的肉饼才会松软多汁！

由牛肉和猪肉制作而成。除了可以用来制作香煎肉饼以外，还可以用来制作肉酱和肉松等。

材料（2 人份）

合绞肉馅·······················250g
洋葱（粗末）········1/4 个（60g）
A ┌ 面包粉（干）··········· 2 大匙
     │ 牛奶················· 4 大匙
     └ 鸡蛋················· 1/2 个
黄油······················· 2 大匙
色拉油····················· 1 大匙
盐························· 1 小撮
胡椒粉、肉豆蔻··········· 各适量
B ┌ 番茄酱、伍斯特辣酱油
     └ ·················· 各适量

1 将 **1** 大匙黄油放入平底锅中，大火加热，待黄油变成茶色后加入洋葱翻炒数秒钟。倒入盆中，放入冰水中放凉。

2 将 **Ⓐ** 放入容器中搅拌均匀。

3 将肉馅、**2**、盐、胡椒粉、肉豆蔻放入 **1** 中，使用胶铲搅拌均匀。分成 2 等份，团压成圆饼状（图a~b）。

4 将色拉油和剩余的黄油放入平底锅中，待黄油化开后加入 **3**，中小火煎约 4 分钟，直至表面变得焦黄。

5 翻面后煎约 4 分钟。插入竹扦，若有透明肉汁流出则可出锅。装盘，放入蜜汁胡萝卜（P23，分量外）点缀。

6 将 **Ⓑ** 放入煎制肉饼用的平底锅中，中火加热，搅匀后浇入肉饼上。

双手如进行投接球训练一般抛接肉馅，去除内里的空气。

将肉馅团压成圆饼状，用手指按压肉饼中央，使其稍微凹陷。

猪肉馅

煎饺

使用香甜白菜和肉馅做馅，味道清新质朴。也可使用卷心菜代替白菜，同样味美清新，加入韭菜，可增添一分鲜香。

由猪肉剁制而成。除了可以用来制作饺子馅以外，还可以用来制作肉丸、麻婆豆腐和时蔬小炒等。

将馅料放入平底盘中按压平整，均分成份。

材料（2 人份）

猪肉馅	150g
白菜	1 片（150g）
大葱	2cm（10g）
生姜	1/3 块（3g）
大蒜	1/6 瓣
饺子皮（市售品）	20 片

Ⓐ
酱油	1 小匙
清酒、香油	各 1/2 小匙
盐、胡椒粉	各适量

Ⓑ
淀粉	1/2 小匙
水	1/2 杯
色拉油	1 大匙

1 将白菜（P46）、大葱（P50）、生姜（P119）切末，大蒜（P118）擦成末。在白菜中撒入少许盐（分量外）搅拌，静置 5~6 分钟。出水后，挤净水分。

2 将肉馅和Ⓐ放入盆中，搅至肉馅变黏，加入 **1** 搅拌均匀。分成 20 等份包于饺子皮中（图 a~c）。

3 将色拉油倒入平底锅中，中火加热，摆入 **2**，倒入搅为一体的Ⓑ。盖上锅盖，中小火焖煎约 5 分钟。

4 取下锅盖，大火将水分煮干，将饺子煎至焦黄色。装盘，可依个人喜好蘸取橙汁酱油（分量外）食用。

手持饺子皮，将馅料置于饺子皮上，以中指扶边褶。

用另一只手的食指自上捏合边褶。自一端顺次重复该操作捏合边褶。

火候

食材加热过头或者未加热熟透，料理肯定不会好吃。食谱中"小火煮制"和"将油加热至高温"等火候究竟指的是什么状态，我们需要了解清楚。在这里会解说炉灶小火、中火、大火的状态和炸制用油低温、中温、高温的状态。但是，也会因所使用器具的材质和大小等而有所差异，请大家仅做参考。

< 小火 >
火焰高度在锅或平底锅底部和炉灶之间，锅中液体呈安静对流状态，而食材几乎静止不动。慢炖时使用小火。

< 中火 >
火焰接近于锅或平底锅的底部。锅中液体缓慢对流，食材轻微浮动。中火为炒制和煮制食材等时最常使用的火候。

< 大火 >
火焰接触锅或平底锅的底部并稍微向外侧扩散。锅中液体激烈对流，食材浮动。食材入锅煮制、开始翻炒和炖煮时使用大火。

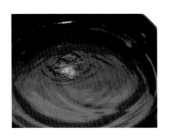

< 炸制用油的低温 >
低温约为 160℃。将面衣放入加热至低温的油中，面衣沉入锅底，5~6 秒钟后浮起，是炸制不易熟的根菜类等时使用的油温。

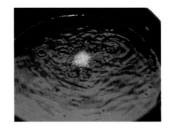

< 炸制用油的中温 >
中温为 170~180℃。将面衣放入加热至中温的油中，面衣沉入锅底后会马上浮起，是炸制天妇罗、炸鸡和炸猪排等所有炸制料理时使用的油温。

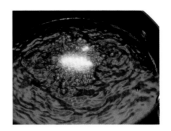

< 炸制用油的高温 >
高温为 190~200℃。将面衣放入加热至高温的油中，面衣不会沉入锅底，会一直浮于油面，是炸制含水分多的蔬菜和鱼类时使用的油温。

第三章
鱼类料理

一般在超市就可以买到切好的鱼块，不用在家里处理。但是用亲手处理好的食材制作出的料理，风味更加别具一格。除了鱼类以外，在此也会详细解说虾、鱿鱼、蛤蜊和牡蛎等的处理方法。请大家品尝使用海鲜制作的基础家庭料理。

竹笑鱼

4月~7月

无腥味，适合制作生鱼片、刀拍竹笑鱼、盐烤竹笑鱼和炸竹笑鱼等。鱼身挺拔、鱼肉紧实的竹笑鱼最佳。

●处理

1）竹笑鱼的鱼头朝左放置，自鱼尾平插入刀，削掉棱鳞。

2）将刀插入胸鳍和腹鳍附近，切入脊骨。另一侧以同样的方法处理。

3）鱼头朝上、鱼腹朝右放置，自鱼腹至肛门处用刀切开，连同内脏将鱼头切掉。放入盛水的盆中清洗鱼腹内部。

4）使用厨房用纸擦去水分，鱼腹朝右放置，自鱼头一侧插入刀，沿脊骨切至鱼尾处。

5）鱼背朝右放置，自鱼尾根部插入刀，沿脊骨切至鱼头一侧。

6）自鱼头一侧，于脊骨和鱼身之间平插入刀，切至鱼尾，切下鱼身。

7）将6翻面，自鱼尾根部，于脊骨和鱼身之间平插入刀，切至鱼头一侧，切下鱼身。

8）将刀斜插入切下的鱼身的腹骨下，剔去鱼骨。

9）将竹笑鱼切成鱼身上半面、下半面和脊骨共计3片。

南蛮风味竹笼鱼

刚出锅的南蛮风味竹笼鱼其美味自不用说，放至第二天深度入味后
会更加美味，堪称一绝！用醋调味，也适合放入便当做小菜食用。

材料（2 人份）

竹笼鱼……………………… 2 条
洋葱……………………1/2 个（100g）
胡萝卜……………… 1/3 根（50g）
红辣椒…………………………… 1 根
色拉油……………………… 1 大匙
淀粉、炸制用油……… 各适量
腌渍汁

    高汤、醋……… 各 4 大匙
    砂糖、料酒…… 各 1 大匙
    酱油………………… 2 大匙

1　参照 P90 处理竹笼鱼，切成 3 片后，再切成一口即可食用的大小。

2　将洋葱（P20）切成约 3mm 宽的条。将胡萝卜（P22）切成丝。将红辣椒
　去籽后切成横切片。

3　将腌渍汁的材料放入盆中，搅拌均匀。

4　将色拉油倒入平底锅中，中火加热，加入 2 中的洋葱和胡萝卜翻炒。加
　入红辣椒翻炒，待食材变软后倒入 3 翻搅均匀，关火。

5　将 1 中的竹笼鱼粘裹淀粉，抖落多余的淀粉。放入加热至中温（170℃）
　的油中，用筷子夹取，翻面炸至竹笼鱼变得焦黄、浮于油面。

6　将 5 摆入耐热器皿中，浇入 4 中的腌渍汁，放入蔬菜铺平。待散热后放
　入冰箱冷藏 20~30 分钟。

沙丁鱼

4 月 ~10 月

适合制作沙丁鱼生姜煮、沙丁鱼梅子煮、
蒲烤沙丁鱼、油炸沙丁鱼和沙丁鱼丸等。
鱼鳞包裹、鱼身油亮的沙丁鱼最佳。

●处理

1）按压沙丁鱼的鱼头，将刀自鱼
尾朝鱼头轻轻掠过，刮去鱼鳞。

2）将刀插入胸鳍下，切掉鱼头。

3）鱼腹朝右放置，自鱼头一侧至
肛门处切掉 5mm 左右。

4）将刀插入鱼腹内部，扒出内脏。

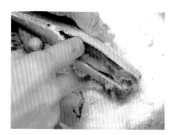

5）放入盛水的盆中，将鱼腹内部
清洗干净，使用厨房用纸擦去水
分。

6）将食指插入鱼腹，沿脊骨自鱼
头一侧至鱼尾根部将鱼腹打开。

7）将食指插入脊骨和鱼身之间，
将两片鱼身开至鱼背。

8）在鱼尾根部折断脊骨，自鱼尾
至鱼头一侧，顺次从鱼身剥离脊
骨。

9）将沙丁鱼分为手剥鱼身和脊
骨。使用去骨器拔掉细鱼刺。

香炸沙丁鱼青紫苏卷

梅肉酱和青紫苏可去除鱼腥味，炸制后清香美味。
也可使用味噌代替梅肉酱。

将鱼尾朝上放置，自下
而上卷成卷。

卷成卷后使用牙签穿插
定型。

材料（2 人份）

沙丁鱼···················· 4 条
梅肉酱（市售品）······ 4 大匙
青紫苏···················· 4 片
鸡蛋······················ 1 个
盐、胡椒粉、低筋面粉、面包
   糠、炸制用油········ 各适量

1 参照 P92 **处理**沙丁鱼，摆入稍微倾斜的平底盘中，撒入盐、胡椒粉。静置约 10 分钟后，使用厨房用纸擦去水分。

2 在 **1** 中的沙丁鱼上涂抹梅肉酱，放入青紫苏卷成卷（图 a~b）。

3 将 **2** 粘裹低筋面粉，抖落多余的低筋面粉。挂上蛋液后粘裹面包粉。

4 将 **3** 放入加热至中温（180℃）的油中，用筷子夹取，翻面炸至沙丁鱼变得焦黄、油泡变小。抽掉牙签斜切均分为两半，装盘。

金枪鱼

6月~8月

体型大，多以鱼块形式出售。除了适合制作生鱼片和腌渍金枪鱼以外，还适合制作浇汁金枪鱼、香煎鱼排和牛油果凉拌金枪鱼。

平切生鱼片

❶ 将金枪鱼块横向放置，自一端约1cm处斜插入刀刃根部一侧。

❷ 一刀切下成片。移刀重复该操作。

斜切生鱼片

将金枪鱼块横向放置，自一端约1cm处斜插入刀刃，一刀切下成片。

酱渍金枪鱼盖饭

甜辣酱汁中加入芥末调味，层次分明、鲜香可口。品相豪华气派，制作起来省时省力，用来招待客人也毫不逊色。

材料（2人份）

金枪鱼…………… 1块（160g）

A 清酒、料酒 ……各1大匙
酱油…………… 4大匙
芥末…………… 适量

米饭…………… 2碗

青紫苏…………… 4片

烤紫菜（整片）……… 1片

白芝麻…………… 适量

1 将金枪鱼平切成生鱼片。将**A**放入平底盘中搅匀，摆入金枪鱼静置约10分钟。

2 将米饭盛入大碗中，铺入撕碎的烤紫菜，放入青紫苏，摆入**1**。撒入白芝麻点缀。

鲭鱼

味噌煨鲭鱼

此款料理为料理初学者也会尝试挑战的传统鱼类料理。鲭鱼撒盐去腥，最后加入味噌调味，此为制作这款料理的窍门所在。

7月~1月

市场上常见的是真鲭，除此之外还有澳洲鲭。适合制作味噌煨鲭鱼、盐烤鲭鱼和龙田油炸鲭鱼等。

材料（2 人份）

鲭鱼（半身）·············· 1 块

Ⓐ
| 生姜 ·········1/2 块（5g）
| 清酒 ··············· 2 大匙
| 水 ················· 1 杯

Ⓑ | 砂糖、料酒 ······ 各 1 大匙

酱油·················· 1 小匙

味噌·················· 2 大匙

大葱·················· 1/2 根

盐··················· 适量

1 将鲭鱼放入稍微倾斜的平底盘中，撒盐静置约 10 分钟。

2 使用厨房用纸擦去 **1** 中鲭鱼上的水分，切成两半。在鱼皮上划入十字刀口，鱼皮朝上放入滤筛，浇入热水。

3 将Ⓐ中的生姜（P119）切成丝，连同其余的材料放入平底锅中，中火加热。煮沸后加入Ⓑ。

4 将 **2** 中鲭鱼的鱼皮朝上放入 **3** 中，加盖厨房用纸，小火煮制。

5 待汤汁变少后加入酱油，浇入使用少量汤汁搅匀的味噌，待汤汁变得浓稠后装盘。

6 将大葱（P50）切成 4cm 长的段，使用烤鱼架烤至表面焦黄，放入 **5** 中。

鲑鱼

法式黄油煎鲑鱼

鲜鲑鱼油脂多，使用黄油和色拉油煎至焦香松脆为关键所在。手工调制的塔塔酱可以使美味倍增！

4月~7月
9月~11月

常以鱼块形式出售。除了适合制作法式黄油煎鲑鱼以外，还适合制作铝箔烤鲑鱼、西式炖鲑鱼和香炸鲑鱼等。

材料（2 人份）

鲜鲑鱼（鱼身）……2 块（240g）

Ⓐ │ 黄油、色拉油 …… 各 2 大匙

塔塔酱

　蛋黄酱 ………………… 1/2 杯

　煮鸡蛋（切碎） …………1 个

　洋葱（切末） …………2 大匙

低筋面粉、盐、胡椒粉… 各适量

1 将鲑鱼放入稍微倾斜的平底盘中，撒入盐、胡椒粉静置约 10 分钟。使用厨房用纸擦去水分，粘裹低筋面粉，抖落多余的面粉。

2 将Ⓐ放入平底锅中，中火加热，待变至茶色后放入 **1**，鱼皮朝下。煎至焦黄后翻面，煎至两面都煎得焦黄。

3 改小火，使用汤匙舀取热油浇于鱼身较厚的部分，煎熟后装盘。

4 将塔塔酱的材料搅匀，放入 **3** 中。

鰤鱼

照烧鰤鱼

寒冷时节味美香浓的鱼类料理。粘裹面粉后煎
至焦香，裹取甜辣调味汁食用。

11月～1月

冬季最为肥美。常以鱼块形式出
售。适合制作照烧鰤鱼、盐烤鰤
鱼和鰤鱼炖萝卜等。

材料（2 人份）

鰤鱼（鱼身）········ 2 块（180g）

盐·······························适量

低筋面粉····················· 3 大匙

Ⓐ 清酒、料酒 ········各 2 大匙
酱油 ······················ 1 大匙
生姜（切片）··· 1 块（10g）

1. 将鰤鱼放入盆中撒盐，加盖厨房用纸浇入热水。捞入冰水中，
   使用厨房用纸擦去水分。

2. 将 **1** 粘裹低筋面粉，抖落多余的面粉。摆入平底锅中，大火加热，
   翻面煎约 5 分钟，直至煎得焦黄。

3. 使用厨房用纸擦去平底锅中多余的油分，浇入搅在一起的Ⓐ，
   使鰤鱼裹取酱汁。

秋刀鱼

9月~11月

初秋上市。适合制作盐烤秋刀鱼、蒲烧秋刀鱼和焖炖秋刀鱼等。鱼身柔软厚实、鱼眼明亮的秋刀鱼最佳。

●处理

1）将秋刀鱼置于菜板上稍稍倾斜，下置平底盘撒盐。这样一来，可均匀撒盐。

2）去除鱼肠时，使鱼头朝上、鱼腹朝右放置，从距胸鳍下 3~4cm 处划入刀口去除鱼肠。

盐烤秋刀鱼

盐烤肥美秋刀鱼，美味至极！可放入滴有酱油的萝卜泥配米饭食用。

材料（2 人份）

秋刀鱼······ 2 条
萝卜泥······ 适量

1 处理秋刀鱼，使用烤鱼架烤制。待鱼皮烤至焦黄后翻面烤制，直至两面都烤得焦黄。

2 装盘，放入萝卜泥（P58）。

虾（斑节虾）

 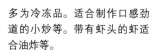

12
9 ◯ 3
6
全年

多为冷冻品。适合制作口感劲道的小炒等。带有虾头的虾适合油炸等。

●处理

1）将竹扦插入虾背圆鼓部分内侧约 5mm 处，挑取虾线去除。

2）剥皮。留虾尾时，可剥至虾尾根部最后一节处。

3）使用剪刀将虾尾正中尖尖的部分剪掉，控除多余的水分。

辣味酱香虾仁

此款小炒中的虾仁鲜美劲道。使用番茄酱调味，非常下饭。将调味品混在一起，快速翻炒即成。

材料（2 人份）

虾（带皮）················ 12 只（200g）
Ⓐ 蛋清、色拉油、淀粉········各 1 小匙
Ⓑ 大葱 ······················ 1/3 根
大蒜 ······················ 1/2 瓣
生姜 ···················· 1 块（10g）
豆瓣酱 ···················· 1 大匙
Ⓒ 鸡架汤 ···················· 3/4 杯
番茄酱 ···················· 3 大匙
清酒 ······················ 1 大匙
砂糖、醋 ················· 各 1 小匙
色拉油···················· 2 大匙
香油 ······················ 1 小匙
盐、胡椒粉、水淀粉··············各适量

1 处理虾，粘裹Ⓐ。将Ⓑ中的大葱（P50）、大蒜（P118）和生姜（P119）切成末。

2 将 1 大匙色拉油倒入平底锅中，中火加热，摆入 1 中的虾煎制两面，取出。

3 将剩余的色拉油倒入 2 中的平底锅中，中火加热，加入Ⓑ翻炒，待香味飘出后加入Ⓒ。

4 煮沸后加入 2 中的虾，浇入水淀粉勾芡。加入盐、胡椒粉调味，沿锅沿内侧滴入香油翻搅均匀。

鱿鱼

9月~11月

价格便宜，适合制作炖鱿鱼、爆炒鱿鱼和炸鱿鱼圈。鱼眼明亮、通体透亮、鱼身发红的鱿鱼最佳。

●处理

1）将手指伸入鱼身内部，撕掉鱼身与内脏之间的连接物，连同鱿鱼腿将内脏从鱼身中拉出。

2）将手指伸入鱼身内部，撕掉软骨，用水冲洗鱼身内部。

3）将手指伸入鱼身前端和鱼鳍（三角部分）之间，将鱼鳍撕拉开。

4）从撕掉鱼鳍的部分上，撕拉去除鱼身上的皮（使用干净的布巾和厨房用纸等比较容易撕拉）。

5）将刀刃刃尖插入鱼鳍前端连有的软骨中并挑起。

6）撕拉5中挑起的软骨，给鱼鳍去皮。

7）将刀插入1中拉出的鱿鱼腿的根部，将内脏和鱿鱼腿切离。使用内脏时需去除墨袋。

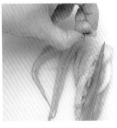

8）在鱿鱼腿的根部纵向划入刀口展开，去除坚硬的鱿鱼嘴。

9）将鱿鱼腿平铺放置，使用刀背刮掉吸盘。

芋头炖鱿鱼

炖煮至松软的鱿鱼和浸入汤汁的芋头，
鲜香软糯、相得益彰！

材料（2 人份）

鱿鱼……………………… 1 条

芋头………… 6 个（300g）

A | 高汤 ………………… 2 杯
   | 清酒、料酒 …… 各 2 大匙

B | 砂糖 ………………… 1 大匙
  | 酱油 ………………… 1½ 大匙

1　参照 P100 处理鱿鱼，将鱼身带皮切成圈、鱼腿切成 4cm 长的段、鱼鳍切成适当大小。将芋头（P54）削皮后焯煮。

2　将 Ⓐ 放入锅中，加入 **1** 中的鱿鱼，大火加热。煮沸后掠去浮末，小火炖煮约 30 分钟，直至鱿鱼变软。

3　加入 **1** 中的芋头和 Ⓑ，舀取汤汁浇于芋头上，小火煮约 5 分钟。

蛤蜊

3月~6月

除了适合制作鲜美的酒香蒸蛤蜊以外，
还适合制作味噌汤和意大利面等。外壳
纹路清晰、呈紧闭状态的蛤蜊最佳。

●处理

1）将蛤蜊放入浅底容器中，在近
似海水浓度（3%）的盐水（1L
水加30g盐）中浸泡约2个小时
去沙。

2）捞入盆中，撒入盐，用双手搓
揉外壳，用水冲洗干净。

酒香面筋煮蛤蜊

吸取蛤蜊鲜美汤汁的面筋堪称一绝。蒸制期间酒香
四溢、诱人食欲！

材料（2人份）

蛤蜊（带壳）…………… 250g

面筋……………………20g

小葱…………………… 2根

A ⎰清酒 ………………… 80mL
   ⎱淡口酱油 ………… 1小匙

1 处理蛤蜊。

2 使用足够的水泡发面筋，待面筋变软后盛入滤筛，
静置沥水。将小葱（P118）切掉根部，斜切成小段。

3 将**1**和**A**放入锅中，大火加热。煮沸后改小火，加
入**2**中的面筋，盖上锅盖蒸4~5分钟。

4 待蛤蜊壳张开后关火，装盘，撒入小葱。

牡蛎

10月~2月

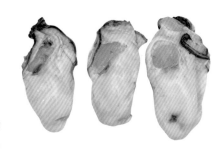

一般在冬季以贝肉形式上市。适合制作
香炸牡蛎、日式火锅和嫩煎牡蛎等。贝
肉柔软、饱满、油亮的牡蛎最佳。

●处理

1) 将牡蛎肉放入盆中，粘裹少量
低筋面粉（萝卜泥也可），搅拌
去污垢。

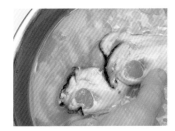

2) 盆中倒入水，轻搅清洗牡蛎肉。
反复数次，直至清洗用水变得清
澈。

3) 使用厨房用纸等擦净水分。

香炸牡蛎

高温快速炸制出锅的牡蛎鲜嫩多汁、香脆美味！可
蘸取酱汁、塔塔酱食用。

材料（2 人份）

牡蛎（贝肉）…………… 12 个

Ⓐ
- 鸡蛋 ………………… 1 个
- 低筋面粉 …………… 40g
- 盐、胡椒粉 ……… 各适量

面包糠、炸制用油…… 各适量

柠檬（梳形块）………… 2 块

1 处理牡蛎。

2 将Ⓐ放入盆中，使用打蛋器搅匀成糊。放入 1 挂糊，
粘裹面包粉。

3 将 2 放入加热至高温（190℃）的油中，翻面炸至焦黄。
装盘，放入柠檬，依个人喜好蘸取酱汁（分量外）
食用。

专题 4

调味汁

料理调味汁包括甜味酱汁、稀释酱油和芝麻酱汁，牢记这些调味的调味汁的材料比例，调制起来会非常轻松方便。在此介绍各种常用调味汁的调制比例和调制用量。

日式基础酱汁 *用于炖菜调味和焖炖时蔬等中。	酱油 1：料酒 1：清酒 1	将酱油、料酒、清酒各 3 大匙搅匀。
甜味酱汁 *用于姜味煎烧料理和照烧类料理等中。	高汤 1：酱油 1：料酒 1：砂糖 1	将高汤、酱油、料酒、砂糖各 3 大匙搅匀。
八方酱汁 *用作荞麦面和乌冬面的蘸汁。	高汤 8：酱油 1：料酒 1	将高汤 240mL、酱油与料酒各 2 大匙倒入锅中加热，煮开后使用。
高汤稀释酱油 *用于炖炒菌类等中。	高汤 2：酱油 2：清酒 1	将高汤、酱油各 1/2 杯、酒 1/4 杯搅匀。
凉拌菜调味汁 *用于凉拌青菜和温泉蛋调味等中。	高汤 10：清酒 2：料酒 1： 酱油 1：盐 1 小撮	将高汤 3/4 杯、清酒 2 大匙、料酒与酱油各 1 大匙、盐 1 小撮放入锅中加热，煮开后使用。
味噌酱汁 *用于味噌小炒和酱汁萝卜等中。	白味噌 2：砂糖 1：清酒 1： 料酒 1	将白味噌 4 大匙、砂糖与清酒以及料酒各 2 大匙放入锅中加热，煮至酱汁变得浓稠、量减半。
甜醋 *用于腌制醋渍时蔬等中。	醋 2：砂糖 1：盐少许	将醋 2 大匙、砂糖 1 大匙、盐少许搅匀。
三杯醋 *用于黄瓜拌章鱼等中。	高汤 2：醋 3：砂糖 1：酱油 1	将高汤 2 大匙、醋 3 大匙、砂糖与酱油各 1 大匙搅匀。
味噌醋汁 *用于食用土当归、裙带菜和清蒸鸡等中。	白味噌 4：醋 2：料酒 1	在白味噌 4 大匙中加入醋 2 大匙和料酒 1 大匙搅匀至化开。
梅肉酱汁 *用于凉拌时蔬和炸制料理等中。	梅肉酱 3：砂糖 1：料酒 1： 酱油 1	将梅肉 3 大匙、砂糖与料酒以及酱油各 1 大匙搅匀至砂糖化开。
芝麻酱汁 *用于芝麻拌时蔬等中。	白芝麻 6：酱油 2：砂糖 1： 料酒 1：高汤 1	将白芝麻 3 大匙放入平底锅中炒至焦香，盛入研钵研碎。加入酱油 1 大匙、砂糖与料酒以及高汤各 1/2 大匙搅匀。
麻辣酱汁 *用于油炸茄子和小炒等中。	酱油 8：醋 4：砂糖 1： 香油 1：豆瓣酱少许	将酱油 4 大匙、醋 2 大匙、砂糖与香油各 1/2 大匙、豆瓣酱少许搅匀至砂糖化开。

第四章

鸡蛋、加工制品、干货料理

在此会介绍家庭料理中不可或缺的鸡蛋和豆腐等加工品、常备干货的处理方法和使用各食材制作的基础料理。处理方法都非常简单,料理基本上全是日常饮食中的配菜和便当中的小菜!本章还详细解说了广受欢迎的嫩煎蛋卷,请大家一定多多尝试掌握其制作方法。

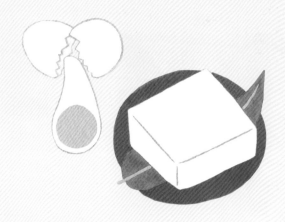

鸡蛋

有多种料理方法，是家庭料理中不可或缺的常备食材。可将鸡蛋稍尖的一端朝下放入冰箱冷藏保存。

● 嫩煎蛋卷的制作方法

1）将鸡蛋打散后加入高汤和调味品。打蛋液时，需使两根筷子分开打至蛋白消失。

2）使用滤筛等过滤蛋液。使用带有注入口的计量杯，煎制时倒入蛋液会更加轻松。

3）将色拉油倒入平底锅中，中火加热，直至倒入一点蛋液后发出"啾"的声音。

4）倒入 1/4 蛋液，摊平煎制，用筷子戳破气泡。

5）待表面半熟后，稍微朝锅柄一侧倾斜平底锅，由远离锅柄的一侧，向锅柄一侧卷制蛋卷。

6）将 5 挪至远离锅柄的一侧，再次倒入同量的蛋液摊平，用筷子稍微夹起蛋卷，使蛋液摊至远离锅柄的一侧。

7）以 5 中的要领再次卷制蛋卷。

8）再次重复两次 6~7，卷制蛋卷成形。

9）趁热用卷帘卷制，自上按压成形。

嫩煎蛋卷

便当中、配菜中、下酒菜中非常常见的一道小菜。使用料酒和淡口酱油调至淡淡的香甜味,是成功的关键所在。

材料（2 人份）

鸡蛋·························· 3 个

A ⎧ 高汤 ···················· 75mL
  ⎪ 淡口酱油、料酒
  ⎨ ····················· 各 1 小匙
  ⎪ 盐 ······················ 1 小撮

色拉油、萝卜泥、酱油··· 各适量

1 将鸡蛋打入盆中打散,加入 A 搅匀。

2 参照 P106 制作嫩煎蛋卷。切成适当大小后装盘,放入萝卜泥（P58）,滴入酱油。

煮鸡蛋

从热乎乎的全熟鸡蛋到黏糊糊的半熟鸡蛋，仅需改变煮制时间，口味就完全不同。鸡蛋料理真是趣味丛生、深奥奇妙！蘸盐食用、制作成蛋黄酱食用，其食用方法也是各异。

材料（2 人份）

鸡蛋························· 2 个

盐························· 适量

1 将鸡蛋放入小锅中，倒入可没过鸡蛋的水（分量外），大火加热。

2 煮沸后改成小火，加热约12分钟（稍软约加热8分钟、半熟约加热3分钟）。剥壳切成两半，装盘，放入盐。

＊2 中使用筷子等翻转鸡蛋煮制，蛋黄会位于正中央。

> **剥壳方法**
> 将煮鸡蛋置于平台上，用手掌按压搓滚，使蛋壳破裂。浸入盛水的盆中，使水流入鸡蛋与蛋壳之间，剥壳。

火腿荷包蛋

早餐传统菜品。
可搭配米饭、面包，堪称万能鸡蛋料理。也可将火腿换成培根、加入番茄。

材料（2 人份）

鸡蛋························ 2 个

火腿························ 4 片

色拉油、盐、胡椒粉··· 各适量

1 将色拉油倒入平底锅中，中火加热，摆入火腿。

2 将鸡蛋打入火腿之间，改成小火，待蛋白凝固后在鸡蛋周围撒入少量水（分量外），盖上锅盖焖煎。

3 待蛋黄上出现白膜、凝固成个人喜好的硬度后，撒入盐、胡椒粉，装盘。

软煎鸡蛋卷

香甜黄油，诱人食欲。
将蛋卷煎得蓬松香嫩的关键在于快速翻搅蛋液。熟练后，可尝试依个人喜好卷入食材。

材料（2 人份）

鸡蛋·························· 4 个

A
牛奶·············· 2 大匙
盐·············· 1 小撮
胡椒粉·········· 少许

黄油·················· 1 小匙

番茄酱·················· 适量

1 将鸡蛋打入盆中，加入**A**（由于蛋黄容易吸收盐分，需将盐撒入蛋白中），使用叉子将蛋黄和蛋白打散。

2 将黄油放入平底锅中，中火加热，变成茶色后倒入 **1**，晃动平底锅使用耐热胶铲快速翻搅蛋液。

3 蛋液半熟后从灶火上取下平底锅，使用胶铲自远离锅柄的一侧向锅柄一侧卷制蛋卷。倾斜平底锅，装盘，将卷制完成一侧朝下，加入番茄酱。

西式炒鸡蛋

松软香滑，口感一流。使用鲜奶油代替牛奶，加入奶酪，味道会更加香浓。

材料（2 人份）

鸡蛋·················· 3 个

牛奶·················· 2 大匙

黄油·················· 2/3 大匙

盐、胡椒粉·········· 各适量

1 将鸡蛋打入盆中，加入牛奶、盐、胡椒粉（由于蛋黄容易吸收盐分，需将盐撒入蛋白中），使用叉子将蛋黄和蛋白打散。

2 将黄油放入锅中，小火加热。在黄油完全化开之前倒入 **1**，使用打蛋器搅散（时不时地使用胶铲将粘于锅沿的蛋液刮入锅中）。

3 待鸡蛋变得松软后关火，装盘，依个人喜好搭配烤制过的长棍面包（分量外）食用。

豆腐

绢豆腐

在豆浆中加入凝固剂静置形成的豆腐。口感嫩滑，适合制作凉拌豆腐、味噌汤、油炸豆腐和白芝麻拌时蔬等。

木棉豆腐

在豆浆中加入凝固剂，倒入铺有棉布的箱中，挤去水分制成的豆腐。味道比绢豆腐更加浓郁，不易变形，适合制作日式火锅和小炒等。

●处理 A

1）使用厨房用纸包裹豆腐，置于扣放的平底盘（小菜板也可）上，下面放置稍大的平底盘（会有水流出）。

2）在豆腐上放置同豆腐重量相当的容器，静置约 30 分钟（比豆腐轻的容器需加水）。

3）从豆腐上拿开容器，挤掉包裹豆腐的厨房用纸中的水分，擦掉豆腐上的水分。

●处理 B

1）使用厨房用纸包裹豆腐，放入耐热容器中，松松地盖上保鲜膜后放入微波炉中加热 1~2 分钟。

2）使用干燥的厨房用纸包裹 1 中的豆腐静置一会儿，吸干水分。

切丁

❶ 将豆腐置于菜板上，将刀平入豆腐，均切为 3 等份。

❷ 自❶中的一端切成约 1cm 宽的条。

❸ 将❷连同菜板旋转 90°，自一端切成约 1cm 宽的丁。放入锅中时，可使用锅铲等自下铲取。

麻婆豆腐

使用香味蔬菜和豆瓣酱调味，也可搭配米饭食用，是一道传统的中式料理。
请大家多多尝试掌握其制作方法。

材料（2 人份）

绢豆腐············ 1 块（300g）

猪肉馅·················75g

A
- 大葱（切末）····· 2 大匙
- 生姜（切末）···· 1/2 块
- 大蒜（切末）···· 1/2 瓣

B
- 酱油、豆瓣酱
    ········· 各 1/2 大匙
- 清酒 ··········· 1 大匙
- 甜面酱 ·········· 1/2 小匙

鸡架汤 ··········· 125mL

色拉油············· 1 大匙

盐、水淀粉············ 各适量

1 参照 P110 **处理**绢豆腐，切丁。锅中加水煮沸，放入豆腐浸煮 2~3 分钟，盛入滤筛沥水（这样一来不易变形）。

2 将色拉油倒入平底锅中，中火加热，放入 **A** 翻炒。爆香后加入猪肉馅，翻炒至肉馅变松。

3 加入 **B** 翻炒，加入鸡架汤和 1。煮沸后浇入水淀粉勾芡，加盐调味。

油炸薄豆腐、油炸厚豆腐

油炸薄豆腐

将豆腐切成薄片后炸制而成。除了适合制作炖菜以外，还适合制作寿司、荞麦面和味噌汤等，使用十分方便。

油炸厚豆腐

将豆腐切成厚块后炸制而成。适合和小松菜一同炒制、制作小炒和日式火锅等。

●处理

1）小锅中加水煮沸，放入油炸薄豆腐煮约1分钟。

2）捞入滤筛沥水。

3）将 **2** 置于厨房用纸上，按压挤水。这样一来，可去除油腥味。

※ 油炸厚豆腐的处理方法同油炸薄豆腐。

煨豆腐鸡蛋卷

将鸡蛋灌入油炸薄豆腐中炖煮，配上甜辣酱汁，十分下饭。用作便当小菜也十分方便！

材料（2 人份）

油炸薄豆腐·············· 2 片

鸡蛋·················· 4 个

Ⓐ ┌ 高汤 ················· 2 杯
　 │ 砂糖、酱油、料酒
　 └ ················· 各 2 大匙

1　处理油炸薄豆腐，横向均切为两块，打开使之呈袋状。将鸡蛋打入容器中，分别灌入油炸薄豆腐中，使用牙签穿插封口。

2　将Ⓐ放入锅中，大火加热，煮沸后放入 **1**，盖上锅盖，时不时地翻一下面，小火煮约 10 分钟，直至鸡蛋凝固成形。

高野豆腐

将豆腐冷冻干燥而成。除了适合制作煨炖菜以外，还适合在中央划入刀口、装入肉馅等炖制。

●处理

1）将高野豆腐放入盛有温水的平底盘中浸泡 4~5 分钟。

2）按压清洗高野豆腐。倒掉变得浑浊的水，换干净的水清洗，反复几次，直至水不再变得浑浊。这样一来，制作好的料理才会品相更佳。

3）双手夹取高野豆腐，挤去水分。

煨高野豆腐

此道炖菜使用高汤制作而成，口味清淡。食用后唇齿留香，令人回味无穷。也可加入香菇和蔬菜一同煨炖。

材料（2 人份）

高野豆腐·········· 3 片（40g）

Ⓐ
| 高汤 ················· 360mL
| 砂糖 ·············· 1 大匙半
| 料酒、淡口酱油
| ················· 各 1 大匙

干鲣鱼片·················· 2g

1 **处理**高野豆腐，分别切成 4 等份。

2 将**Ⓐ**放入锅中，大火加热，煮沸后放入 **1**，加盖厨房用纸，小火煮约 10 分钟。

3 使用厨房用纸包取干鲣鱼片，加入 **2** 中，加盖厨房用纸，再煮约 20 分钟。

粉丝

使用绿豆和薯类淀粉制作而成的干燥面
条状食品。适合制作沙拉、日式火锅、
春卷和麻婆粉丝等。

●处理

1）小锅中加水煮沸，放入粉丝，
按照包装袋上的说明煮制。

2）将1盛入滤筛沥水。

3）将2连同滤筛放入盛水的盆中
浸泡数分钟后，取出滤筛沥水。

粉丝沙拉

也可使用清蒸鸡丝代替火腿、加入洋葱，也可使用
蛋黄酱代替中式调味汁，可演绎出多种风味。

材料（2人份）

粉丝（干）······················ 40g

火腿···························· 2 片

黄瓜····················· 1 根（100g）

Ⓐ 酱油、醋、香油······各 1 大匙

盐、胡椒粉··················各适量

1 **处理**粉丝。将火腿和黄瓜（P36）切成同样长短的丝。

2 将Ⓐ放入盆中，使用打蛋器搅匀。加入1搅拌，撒
入盐、胡椒粉调味。

干萝卜丝

多使用切成丝的萝卜晒干而成，滋味浓郁。适合制作炖菜、小炒和沙拉等。

●处理

1）将干萝卜丝快速用水洗过，放入盆中。倒入可没过干萝卜丝的水，浸泡约 10 分钟。

2）用手拆揉清洗干萝卜丝。

3）将 2 捞入滤筛中沥水，用手挤去水分。

煮干萝卜丝

一道传统的小菜，质朴美味。使用淡口酱油调味，醇美香甜。加入油炸菜丝鱼肉饼，美味加倍。

材料（2 人份）

干萝卜丝······················· 40g

Ⓐ 高汤 ························2 杯
砂糖 ·······················1 大匙
清酒、淡口酱油 ······ 各 2 大匙

色拉油·······················1 大匙

1 **处理**干萝卜丝。

2 将色拉油倒入平底锅中，中火加热，放入 **1** 快速翻炒。

3 加入**Ⓐ**，煮沸后改成小火，盖上锅盖煮约 5 分钟（尝味，煮成个人喜好的软硬度）。

鹿尾菜

使用海藻鹿尾菜干燥而成，分为长鹿尾菜和芽鹿尾菜。适合制作炖炒菜、菜饭和沙拉等。

●处理

1）盆中倒入足够的水，放入鹿尾菜浸泡约 30 分钟。

2）将 1 盛入滤筛，连同滤筛放入盛水的盆中，摇晃滤筛去污。

3）从盆中取出滤筛，用手按压挤去水分。

煮鹿尾菜

营养丰富，多用作便当小菜，为家中常备菜之一。拌入热气腾腾的米饭中食用，非常美味！

材料（2 人份）

鹿尾菜（干）·················20g
胡萝卜···2cm 长的一段（10g）
油炸薄豆腐··················· 1 片
Ⓐ｜清酒、料酒 ··· 各 1/2 大匙
Ⓑ｜高汤 ··············· 1/2 杯
｜砂糖、酱油 ··· 各 1½ 大匙
色拉油······················· 适量

1　处理鹿尾菜。将胡萝卜（P22）切成 5mm 宽的薄片条，将油炸薄豆腐（P112）切成 5mm 粗的丝。

2　将色拉油倒入平底锅中，中火加热，放入 1 中的胡萝卜和油炸薄豆腐翻炒。

3　将鹿尾菜放入 2 中翻炒，加入Ⓐ改成大火，使酒精挥发（煮去）。加入Ⓑ，小火煮，直至留有一点汤汁。

魔芋

将魔芋捣碎凝固而成，为热量低、食物纤维丰富的健康食品。适合制作炖菜和小炒等。

●处理

1）将魔芋横向放置，斜插入刀刃，划入细密稍深的刀口。

2）将 **1** 旋转 180°，同样划入细密的刀口，使之呈格子状。这样一来，炖菜等易入味。

缰绳结

将魔芋切成约 5mm 宽的条。切口朝下放置，于正中央切入刀口。将一端塞入刀口。适合制作炖菜等。

煮魔芋块

使用香油和红辣椒调味，香辣美味，是一道不错的下酒菜。手撕代替刀切，同样容易入味。

材料（2 人份）

魔芋	1 块
盐	1 小撮
红辣椒	1/2 根
Ⓐ 清酒	1 大匙
酱油	2 大匙
香油	1 小匙

1　处理魔芋，切成 1.5cm 大小的块，撒盐焯水，使用厨房用纸擦去水分。红辣椒去籽后切成横切片。

2　将香油倒入锅中，中火加热，放入 **1** 翻炒，加入Ⓐ炖煮。

作料

作料是指可以为料理增添香味、风味的食材。在此会解说家庭料理中常用作料的处理方法和切法。

大蒜　　小葱　　　　生姜　　　　青紫苏　　　穰荷姜

大蒜

●处理

1）将大蒜剥去外皮，掰成蒜瓣，用刀切去根部，用刀尖取出大蒜。

2）纵向对半切开，使用刀刃从根部去芽。

压碎

将刀腹置于处理好的大蒜上，自上用手压碎。这种处理适合制作小炒和炖菜（爆香后取出）。

切末

❶ 将处理好的大蒜的切口朝下放置，留出蒜头一侧，用刀刃根细密地切下。

❷ 将❶旋转 90°，水平方向切入 1~2 刀。

❸ 将❷自一端切成末。蒜香浓郁，这种切法适合制作小炒等。

小葱

横切成片

将小葱的根部切掉 1~2cm，自一端切成约 1mm 厚的横切片。这种切法适合制作味噌汤、小笼屉荞麦面和凉拌豆腐等。

斜切成段

将小葱的根部切掉 1~2cm，斜插入刀切成个人喜好的长度。这种切法适合制作荞麦面和乌冬面等。

切段

将小葱的根部切掉 1~2cm，自一端切成 3~4cm 长的段。这种切法适合制作小炒等。

生姜

●处理

1）将刀插入生姜稍细的部分，切开使用。

2）使用汤匙刮皮。这样一来，连细小部分也能刮干净

切片

将生姜横向放置，自一端切成1~2mm 厚的片。沿纤维切片，姜香味会更加浓郁。这种切法适合制作炖菜等。

切丝

将几片切好的姜片摆好纵向放置，自一端切约 1mm 粗的丝。这种切法适合制作炖鱼和红烧肉等。

切末

将姜丝横向放置，自一端切成约1mm 粗的末。这种切法适合制作小炒和调味汁等。

青紫苏

切丝

❶ 将几片青紫苏摆好放置，切掉茎部。

❷ 叶片顶部朝上放置，自下而上卷成卷。

❸ 将❷横向放置，自一端切成约 1mm 粗的丝。这种切法适合制作凉拌菜、凉拌豆腐和菜饭等。

蘘荷姜

横切成片

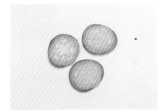

将蘘荷姜横向放置，自一端切成约 1mm 厚的片。这种切法适合制作凉拌菜、凉拌豆腐和小笼屉荞麦面等。

切片

将蘘荷姜纵向放置，自一端切成约 1mm 厚的片。这种切法适合制作汤类、荞麦面和乌冬面等。

切丝

将几片蘘荷姜片摆好放置，自一端切成约 1mm 粗的丝。这种切法适合制作凉拌菜和汤类等。

日式家庭料理超基础

我们的餐桌上会出现肉饼、咖喱和意大利面等西式料理的身影，但是，我们每天的饮食基础还是以米饭为主的料理。尤其是蒸得松软香甜的米饭和爱到深入骨髓的美味汤类，简直是不可或缺。在此会解说家庭料理最基础的米饭的蒸制方法和高汤的制作方法。

＜蒸制米饭＞

电饭锅使用起来非常方便，但是为了蒸出更加美味的米饭，在此会介绍使用锅具蒸制米饭的方法。另外，还请大家掌握不破坏大米营养成分的正确淘洗方法。

●淘米

1）将大米放入盛水的盆中，用手快速翻搅。

2）趁着大米还没吸收浑浊的淘米水，快速将水倒掉，将大米留在盆中。

3）用双手挖取大米，搓揉。如果用力过度，大米上会形成豁口，因此需注意搓揉力度。

4）倒入水，快速翻搅。

5）以2中的方法倒掉浑浊的淘米水。

6）倒入水，反复3~5次直至水变得如图一般清澈。

●蒸制米饭

7）将大米倒入滤筛，加盖干净的布巾，静置约30分钟。

8）将7中的大米倒入锅中，倒入与大米等量的水，将大米铺平。盖上锅盖，大火加热，煮沸后改成小火煮约10分钟后关火。

9）静置焖10~15分钟，使用饭勺从锅底翻起米饭，快速翻搅，使米饭变得蓬松。

＜制作高汤＞

日式料理的基础是高汤

每天餐桌上都会出现的味噌汤、炖菜和汤类等"高汤"。

使用干海带、干鲣鱼和小杂鱼制作而成的日式高汤，以其独特的风味和淡淡的清香充分发挥出食材的美味。另外，它短时间内即可制作而成，不同于法国料理和中国料理中的高汤，需使用鲜肉和骨头长时间熬制。

高汤的风味至关重要，尽可能只制作出每次使用的量，冷藏大约可以保存2天，冷冻大约可以保存2周。没有时间制作时，可使用市售高汤颗粒等制作。

高汤的种类

在此会介绍头道汤汁、二道汤汁、杂鱼汤汁、海带汤汁和干香菇汤汁的制作方法。

使用海带和干鲣鱼片制作而成的头道汤汁，是使用广泛的基础高汤。其口味清淡，适合制作味噌汤和炖菜等各种料理。汤汁清透，尤其适合制作日式清汤和品相佳的炖菜。

二道汤汁，在头道汤汁中使用的海带和干鲣鱼片中加入干鲣鱼片制作而成（追鲣）。其味道、风味更加浓郁，适合制作红酱汤、口味稍重的炖菜和面露等。

主要使用干日本鳀鱼制作而成的杂鱼汤汁，鲜美浓郁，适合制作口味重的炖菜等。

海带汤汁，适合制作鲜美清淡的日式火锅等。干香菇汤汁风味独特，连同泡发的干香菇加入红烧菜肴和五目煮，其味道更加鲜香美味。

●头道汤汁

1）将使用布巾等擦去污垢的海带（10cmx10cm 的 1 块）放入锅中，倒入 1L 水，静置浸泡约 3 个小时。

2）中火加热 **1**，加热约 10 分钟直至海带上出现小气泡，用筷子将海带取出。

3）继续加热 **2**，加入约 15g 干鲣鱼片。

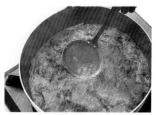

4）煮沸后改成小火，掠去浮于表面的浮末，从灶火上取下锅。

5）静置约 5 分钟，直至干鲣鱼片全都沉入锅底。

6）下置大盆，将 **5** 慢慢地倒过铺有厨房用纸的滤筛过滤。

●二道汤汁

1）将头道汤汁中使用的海带和干鲣鱼片放入锅中，加入 1L 水。大火加热，煮沸后改成小火煮 5~6 分钟。

2）在 1 中加入 7.5g 干鲣鱼片，快速搅拌，煮沸后掠去浮末，关火。

3）静置约 3 分钟，直至干鲣鱼片全都沉入锅底，倒过铺有厨房用纸的滤筛过滤。

4）使用筷子按压海带和干鲣鱼片，使汤汁全都流过滤筛过滤。

●杂鱼汤汁

1）将 30g 杂鱼干分别去除鱼头和鱼腹。

2）将 1 快速清洗后放入锅中，倒入 1L 水，静置浸泡一晚。

3）中火加热 2，加入 1 大匙清酒，煮沸后掠去浮末。保持煮沸的状态，小火煮约 10 分钟。

4）下置大盆，将 3 慢慢地倒过铺有厨房用纸的滤筛过滤。

●海带汤汁

将使用布巾等擦去污垢的海带（10cmx10cm1 块）放入锅中，倒入 1L 水浸泡约 3 个小时。

●干香菇汤汁

将 1L 水和 4 个干香菇放入盆中，加盖保鲜膜静置半天。泡发的干香菇可用来制作料理，汤汁可作为高汤使用。

高汤的保存方法

感觉每次制作高汤十分麻烦，可以提前制作好保存起来。可将高汤倒入制冰盘冷冻，冷冻后装入保存袋。放入冰箱大约可冷冻保存 2 周，使用时可取出少量使用。

豆腐裙带菜味噌汤

日式料理中不可或缺的汤类。在此使用头道汤汁制作，也可使用二道汤汁和杂鱼汤汁制作。请大家依个人喜好来制作。

材料（2 人份）

绢豆腐·······················1/4 块
裙带菜（盐藏）·············10g
大葱······3cm 长的一段（15g）
高汤·························1¼ 杯
味噌·························2 大匙

1 将豆腐（P110）切成丁。用水清洗泡发裙带菜，快速入热水焯煮后捞入凉水中，沥水后切成一口即可食用的大小。将大葱（P50）切成横切片。

2 将高汤倒入锅中，大火加热，煮沸后改成小火。将滤筛置于锅上，放入味噌，使用打蛋器搅拌至味噌化开。

3 将 1 中的豆腐和裙带菜加入 2 中，煮沸后盛入碗中，撒入葱花。

创新味噌汤

味噌汤是日式料理中米饭的伴侣。也可使用其他食材代替豆腐和裙带菜，创新求变。

萝卜 + 油炸薄豆腐

将萝卜（P58）切成丝，将油炸薄豆腐（P112）纵向对半切开，切成 5mm 粗的丝。

四季豆 + 芋头

将四季豆（P32）切成 3cm 长的段，将芋头（P54）切成半月片。

芥蓝 + 金针菇

将芥蓝（P66）切成 5cm 长的段，将金针菇（P44）对半切成段。

秋葵 + 番茄

将秋葵（P67）切成块，将番茄（P34）切成丁。

茄子 + 油渣

将茄子（P40）切成圆片，加入适量油渣。

菠菜 + 油炸厚豆腐

将菠菜（P48）切成段，将油炸厚豆腐（P112）纵向对半切开，切成 5mm 粗的丝。

料理用语须知

【A】

暗刀

在食材表面划入不明显的刀口。这样一来，食材既容易变熟，又容易入味。

【B】

板搓

在黄瓜等蔬菜上撒入盐，放在菜板上搓滚。可以去除表面的突起，使色泽更加鲜亮。

爆香

加热食材使其散发香味。炒制小炒时，先翻炒香味蔬菜，待香味飘出后再加入其他材料翻炒。

变软

炒制、撒盐腌制蔬菜时，蔬菜会失水变软。

【D】

底味

在加热制作食材之前，使用盐、胡椒粉、酱油等调味品搓揉。除了可以入味以外，还可以去除食材中的异味、使食材变软。

抖落多余的面粉（掸）

食材粘裹小麦粉和淀粉时，去除粘裹在表面的多余小麦粉和淀粉，使之均匀。这样一来，火候才会均匀。

【G】

刚没过食材的水

焯煮、炖煮食材时，铺平的食材稍露出水面的状态。比"没过食材的水"稍少。

过滤

将高汤等液体倒过细眼滤筛（若无，可将厨房用纸铺于滤筛上）去除渣滓等。

【H】

晃动清洗

为了去除蔬菜根部夹杂的砂等污垢，将食材放入盛水的盆中晃动清洗。

【J】

加盐焯煮

在热水中加入盐（基本上 1L 热水加 10g 盐），焯煮食材。焯煮后的青菜、西蓝花和四季豆等会稍带一点咸味，其色泽也会变得更加鲜亮。

煎炸

使用稍多一点的油（基本上油面需距平底锅和锅具底部 2~3cm）加热食材。使用比油炸稍少的油，将食材炸至松脆。

浇入

在炖菜和小炒中加入调味品、蛋液和水淀粉时，沿锅具和平底锅的锅沿一点一点地倒入。这样一来，可轻松搅匀。

浸泡

将食材浸入水中。主要为了去除蔬菜中的苦涩成分和薯类中的淀粉。

加盖

在炖菜材料上直接加盖锅盖。若无锅盖，也可加盖厨房用纸。这样一来，材料会更加入味。

【L】

捞入滤筛

焯煮、浸泡食材时，将食材捞入滤筛沥水。

沥水

清洗、焯煮完食材后，盛入滤筛、置于厨房用纸等上，去除食材中的水分。

掠去浮末（撇）

煮制食材时，食材中的苦涩成分会在煮沸时以浮泡的形式浮于水面。使用汤勺等将其掠去即为掠去浮末。另外，也可放入水中浸泡或者焯煮去涩。

【M】

没过食材的水

焯煮、炖煮食材时，铺平的食材要在水面之下。

焖煮

煎制好食材后加入少量水和酒等液体（食材中含有的水

分较多时，也可不加），盖
上锅盖蒸至全熟。

【Q】

切断纤维

将刀与蔬菜纤维呈直角切下。
蔬菜易熟、易变软。

去油

去除油炸薄豆腐和油炸厚豆
腐等油炸食材中的油腥味。
放入热水中浸泡后，使用厨
房用纸吸干水分。

【S】

散热

使用锅具等加热制作完之后，
连同锅具静置放凉，直至残
留一点余热。着急时，也可
连同容器放入凉水中。

使用余热加热

加热料理食材时，在将食材
加热至全熟之前关火，使用
余热加热。

室温解冻

在制作之前，将冷冻保存的
食材从冰箱中取出，解冻至
常温。

收汁

将炖菜汤汁炖至剩余一点。

熟透

料理食材时，将食材加热至
全熟、而不是半生的状态。

【T】

调味

在炖菜和小炒等制作完成之
前尝味，若味道偏淡，可加
入盐、胡椒粉、酱油等调味。

【X】

削角

将萝卜、胡萝卜和南瓜等蔬
菜切好后，用刀削掉切口边
缘。这样一来，可防止将食
材煮散。

【Y】

沿纤维

将刀与蔬菜纤维平行切下。
口感清脆。

【Z】

粘裹

将食材表面均匀粘取薄薄的
一层小麦粉和淀粉等。

粘裹、焯煮

将食材裹上一层薄薄的蛋液
等、放入热水中马上捞出。

煮沸

锅中加入水、汤汁和食材，
以大火或中火加热至表面冒
泡沸腾。

煮开

加热汤汁和汤类使之沸腾，
静置数秒后关火、改成小火。

煮去

将料理用酒和料酒中含有的
酒精成分蒸发掉。这样一来，
料理的风味会变得更加温和。

食材索引

可按照音序检索到本书中所介绍的食材。

料理索引

可按照音序检索到本书中所介绍的料理。

TITLE：［家庭料理の超基本］

BY：［川上　文代］

Copyright © FUMIYO KAWAKAMI 2014

Original Japanese language edition published by SHUFU TO SEIKATSUSHA Co., LTD.

All rights reserved. No part of this book may be reproduced in any form without the written permission of the publisher.

Chinese translation rights arranged with SHUFU TO SEIKATSUSHA Co., LTD.,Tokyo through NIPPAN IPS Co., LTD.

本书由日本株式会社主妇与生活社授权北京书中缘图书有限公司出品并由煤炭工业出版社在中国范围内独家出版本书中文简体字版本。

著作权合同登记号：01-2017-1934

图书在版编目（CIP）数据

日式家庭料理基本功 /(日) 川上文代著；王岩译
. -- 北京：煤炭工业出版社，2017
ISBN 978-7-5020-6004-6

Ⅰ.①日… Ⅱ.①川… ②王… Ⅲ.①菜谱 — 日本
Ⅳ.①TS972.183.13

中国版本图书馆CIP数据核字(2017)第171487号

日式家庭料理基本功

著　者	［日］川上文代		译　者	王岩
策划制作	北京书锦缘咨询有限公司（www.booklink.com.cn）			
总策划	陈庆		策　划	李伟
责任编辑	马明仁		特约编辑	郭浩亮
设计制作	王青			

出版发行　煤炭工业出版社（北京市朝阳区芍药居 35 号　100029）
电　话　010-84657898（总编室）
　　　　010-64018321（发行部）　010-84657880（读者服务部）
电子信箱　cciph612@126.com
网　址　www.cciph.com.cn
印　刷　北京画中画印刷有限公司
经　销　全国新华书店
开　本　787mm×1092mm¹/₁₆　印张　8　字数　100　千字
版　次　2017 年 11 月第 1 版　2017 年 11 月第 1 次印刷
社内编号　8884　　　　　　　定价　49.80 元